Stable Diffusion 从入门到精通

主编　孔　馗

合肥工業大學出版社

图书在版编目(CIP)数据

Stable Diffusion 从入门到精通/孔馗主编．--合肥：合肥工业大学出版社，2024．-- ISBN 978-7-5650-6990-1

Ⅰ．TP391．413

中国国家版本馆 CIP 数据核字第 2024YZ1854 号

Stable Diffusion 从入门到精通

Stable Diffusion CONG RUMEN DAO JINGTONG

孔　馗　主编

责任编辑	赵　娜
出版发行	合肥工业大学出版社
地　　址	(230009)合肥市屯溪路 193 号
网　　址	press. hfut. edu. cn
电　　话	理工图书出版中心：0551-62903004
	营销与储运管理中心：0551-62903198
开　　本	710 毫米×1010 毫米　1/16
印　　张	15
字　　数	286 千字
版　　次	2024 年 12 月第 1 版
印　　次	2024 年 12 月第 1 次印刷
印　　刷	安徽联众印刷有限公司
书　　号	ISBN 978-7-5650-6990-1
定　　价	88.00 元

编 委 会

前　言

近年来，人工智能技术在各个领域蓬勃发展，特别是在视觉艺术领域，AI 绘画逐渐成为焦点。AI 绘画技术不仅改变了艺术创作的方式，而且让没有专业绘画背景的人能够参与艺术创作的过程。在众多 AI 绘画工具中，Stable Diffusion 凭借其强大的图像生成能力、开源免费和灵活多样的创作方式，迅速赢得了人们的广泛关注和喜爱。

Stable Diffusion 是一种基于扩散模型的图像生成技术，能够通过文本、初始图像等多种输入方式，生成高质量、细节丰富的艺术作品。它所具备的文本到图像生成功能，让艺术家可以通过简单的文字描述来创作，极大地降低了创作门槛。同时，Stable Diffusion 的开源性为开发者和爱好者提供了无限的拓展空间，推动了大量衍生工具和插件的出现，并使得这一技术不断进化。

Stable Diffusion 的应用场景十分广泛。在艺术创作中，它能够帮助艺术家快速将草图转化为成品，甚至通过文字灵感生成全新的艺术作品。设计师可以利用它进行原型设计、探索灵感或快速生成概念图。在游戏开发和虚拟现实领域，它可用于创建复杂场景和角色，缩短制作周期。在广告和视觉内容生产中，它能高效生成符合需求的视觉素材，提升工作效率。此外，教育领域也可以借助该技术激发学生创意思维，帮助学生更直观地理解和探索艺术。

本书将围绕 Stable Diffusion 技术展开，为对 AI 绘画感兴趣的读者提供一个深入的学习和实践指南。无论你是希望了解背后的技术原理，还是想通过实践掌握如何用 AI 创作艺术作品，本书都将提供从理论到应用的详细讲解。通过本书，你将学会如何使用 Stable Diffusion 生成高质量的图像，探索如何结合自己的创意进行个性化创作。

希望本书能够为你开启一扇通往 AI 艺术世界的大门，让你在技术与创意的交汇中，找到属于自己的艺术表达方式。

读者对象

AI 绘画初学者：如果你对 AI 绘画感兴趣，想要了解其原理和应用，本书将帮助你从零开始，逐步掌握 Stable Diffusion 的操作与创作技巧，零代码基础也能看懂。

艺术创作者和设计师：无论是艺术家、插画师，还是平面设计师，本书将为你提供一种全新的创作工具，帮助你将 AI 技术融入自己的工作流程中。

开发者和研究者：对于想要深入探索 AI 图像生成技术的开发者和研究者，本书将帮助你了解 Stable Diffusion 的工作原理，并通过实例探讨其应用。

学生与教育工作者：教育工作者可以通过本书将 AI 绘画引入课堂，让学生切实感受 AI 工具的生产效率，而学生也可以通过 AI 绘画，快速生成自己的艺术素材，并展示自己对艺术的理解。

内容简介与学习建议

万丈高楼平地起，本书内容设计时重视基础和实操。前半部分内容主要是对基础知识的详尽讲解，后半部分内容主要是融会贯通。AI程序 Stable Diffusion 是没有固定功能的，它是可以由模型的升级和拓展不断开发迭代的，并且任何奇思妙想的功能组合都可能研究出一套意想不到的艺术作品。以下是本书的主要内容和知识结构。

➢ 概念认知：认识 AI 及 Stable Diffusion。

➢ 动手实操：安装并生成自己的第一张 AI 图片。

➢ 夯实基础：针对整个 Stable Diffusion 基础模块的功能讲解。

➢ 进阶掌握：深度讲解控制插件 ControlNet。

➢ 商业实操：线稿上色、电商产品设计与主图设计、IP 设计、艺术字设计、艺术二维码设计、视频转绘等。

➢ 模型训练：学习 AI 模型的基础训练流程，训练自己的第一个 AI 模型。

➢ 附录检索：提供反向提示词查询表、正向提示词查询表、语义分割颜色查询表。

勘误与支持

感谢您阅读本书！如果您在阅读中发现任何不妥或有任何建议，欢迎随时与我们联系。我们将不断完善，为您提供更优质的学习资源。感谢您的支持与理解！我们的邮箱是 kong@vecspa. com。

致谢

我深知，在科技快速发展的今天，AI 绘画不仅是未来艺术的一个重要方向，也可以提升我们的工作效率。为了帮助更多人掌握这门技术，我们编写了本书，并希望通过本书，激发更多人的创造力，让 AI 绘画不仅成为一项技能，更成为改变生活的工具。无论是艺术创作、商业应用，还是提升工作效率，AI 绘画都拥有无限可能。愿本书成为你通向未来的一盏明灯，帮助你解锁 AI 绘画的潜力，实现自我价值的飞跃。

历时数月的努力，本书终于完成。在此，特别感谢合肥工业大学出版社及中国计算机函授学院人工智能学院的大力支持和帮助。

孔　馗

2024 年 12 月

目　录

第 1 章　认识 AI 及 Stable Diffusion …………………… (001)

1.1　AI 简介 …………………………………… (003)

1.1.1　AI 的发展历程 ……………………… (003)

1.1.2　AI 相关的术语 ……………………… (003)

1.2　AI 绘画简介 ……………………………… (004)

1.3　认识 Stable Diffusion ……………………… (005)

1.3.1　Stable Diffusion 的概念 ……………… (005)

1.3.2　Stable Diffusion 的优势 ……………… (006)

1.4　使用 Stable Diffusion ……………………… (007)

1.4.1　本地部署 ……………………………… (007)

1.4.2　云端部署 ……………………………… (010)

1.4.3　网页直接使用 ………………………… (013)

1.5　Stable Diffusion 界面认识 ………………… (013)

第 2 章　模型篇 ……………………………………… (015)

2.1　模型简介 …………………………………… (017)

2.2　主模型 ……………………………………… (017)

2.2.1　主模型的由来 ………………………… (018)

2.2.2　主模型的基础属性 …………………… (018)

2.2.3　主模型的使用 ………………………… (020)

2.3　VAE 模型 …………………………………… (023)
2.3.1　VAE 模型的基础属性 ………………… (023)
2.3.2　VAE 模型的使用 ……………………… (023)
2.4　Embedding 模型 ………………………………… (025)
2.4.1　Embedding 模型的基础属性 ………… (025)
2.4.2　Embedding 模型的使用 ……………… (025)
2.5　LoRA 模型 ……………………………………… (027)
2.5.1　LoRA 模型的基础属性 ……………… (027)
2.5.2　LoRA 模型的使用 …………………… (028)
第 3 章　提示词篇 …………………………………… (031)
3.1　提示词简介 ……………………………………… (033)
3.2　提示词的功能 …………………………………… (033)
3.3　提示词的书写逻辑 ……………………………… (033)
3.4　提示词的语法结构 ……………………………… (035)
3.4.1　内容语法 ……………………………… (037)
3.4.2　分割语法 ……………………………… (037)
3.4.3　提示词权重 …………………………… (037)
3.4.4　提示词连接符 ………………………… (038)
3.4.5　高阶写法 ……………………………… (040)
3.4.6　提示词跃迁 …………………………… (041)
3.4.7　模型控制 ……………………………… (041)
3.5　提示词的翻译插件 ……………………………… (041)
第 4 章　基础参数及图像生成篇 …………………… (043)
4.1　基础参数版块 …………………………………… (045)
4.1.1　采样调度迭代 ………………………… (045)
4.1.2　高分辨率修复与 Refiner ……………… (047)
4.1.3　其他参数 ……………………………… (050)

4.2 图像生成版块 …………………………………… (052)
4.2.1 生成按钮区域 ………………………… (052)
4.2.2 出图区及功能解释 ……………………… (055)

第5章 插件与脚本篇 ………………………………… (057)

5.1 插件与脚本 ……………………………………… (059)
5.2 插件 ………………………………………………… (059)
5.2.1 插件的位置 ………………………………… (059)
5.2.2 插件的安装 ………………………………… (059)
5.2.3 插件的卸载 ………………………………… (064)
5.3 脚本 ………………………………………………… (064)
5.3.1 X/Y/Z plot ………………………………… (065)
5.3.2 提示词矩阵 ………………………………… (070)
5.3.3 从文本框或文件载入提示词 ………… (070)
5.3.4 脚本的安装和卸载 ……………………… (071)

第6章 图生图篇 ……………………………………… (073)

6.1 图生图 ……………………………………………… (075)
6.2 常规图生图及其功能 ………………………… (075)
6.2.1 缩放模式 …………………………………… (076)
6.2.2 尺寸 ………………………………………… (078)
6.2.3 重绘幅度 …………………………………… (078)
6.3 蒙版图生图及其功能 ………………………… (079)
6.3.1 涂鸦 ………………………………………… (079)
6.3.2 局部重绘 …………………………………… (080)
6.3.3 涂鸦重绘 …………………………………… (082)
6.3.4 上传重绘蒙版 …………………………… (083)
6.3.5 批量处理 …………………………………… (083)
6.4 提示词反推 ……………………………………… (084)

第 7 章　常用插件篇 …………………………………… (085)

7.1　后期处理 ……………………………………………… (087)

7.1.1　界面介绍 ………………………………………… (087)

7.1.2　图像放大高清化处理 ………………………… (087)

7.1.3　面部修复 ………………………………………… (088)

7.1.4　训练集处理 ……………………………………… (089)

7.1.5　出图区域 ………………………………………… (090)

7.2　PNG 图片信息 ………………………………………… (090)

7.2.1　获取生成参数 …………………………………… (091)

7.2.2　参数传递 ………………………………………… (091)

7.3　Inpaint Anything …………………………………… (092)

7.3.1　模型介绍 ………………………………………… (092)

7.3.2　使用步骤 ………………………………………… (093)

7.4　Photopea ……………………………………………… (094)

7.5　WD 1.4 标签器 ……………………………………… (095)

7.5.1　反推模型介绍 …………………………………… (095)

7.5.2　反推功能介绍 …………………………………… (096)

7.6　通配符管理 …………………………………………… (096)

7.6.1　通配符的优点 …………………………………… (097)

7.6.2　通配符的安装 …………………………………… (097)

7.6.3　通配符的使用 …………………………………… (098)

7.7　ADetailer ……………………………………………… (099)

7.7.1　界面讲解 ………………………………………… (099)

7.7.2　功能讲解 ………………………………………… (100)

第 8 章　ControlNet 控制篇 ……………………………… (105)

8.1　认识 ControlNet ……………………………………… (107)

8.1.1　模型算法 ………………………………………… (107)

8.1.2　认识 ControlNet 模型 …………………… (109)
8.1.3　ControlNet 插件位置 …………………… (109)
8.1.4　ControlNet 界面介绍 …………………… (109)
8.2　ControlNet 模型详解 …………………… (115)
8.2.1　线条约束 …………………… (115)
8.2.2　深度约束 …………………… (122)
8.2.3　姿态 …………………… (125)
8.2.4　色彩、风格约束 …………………… (130)
8.2.5　局部重绘 …………………… (149)
8.2.6　指令约束 …………………… (152)
8.3　疑难解答 …………………… (153)

第 9 章　商业应用实操篇 …………………… (155)

9.1　线稿上色 …………………… (157)
9.1.1　线稿生成 …………………… (157)
9.1.2　上色 …………………… (157)
9.1.3　2D 转 3D 效果 …………………… (160)
9.2　电商产品设计与主图设计 …………………… (162)
9.2.1　线稿到渲染图 …………………… (163)
9.2.2　产品重新上色 …………………… (163)
9.2.3　色彩迁移 …………………… (163)
9.3　IP 设计 …………………… (166)
9.4　艺术字设计 …………………… (167)
9.5　艺术二维码设计 …………………… (170)
9.6　视频转绘 …………………… (172)
9.6.1　步骤 1 …………………… (173)
9.6.2　步骤 2 …………………… (175)
9.6.3　步骤 3 …………………… (175)
9.6.4　步骤 3.5 和步骤 4 …………………… (177)

9.6.5 步骤 5 …………………………………… (180)
9.6.6 步骤 6 …………………………………… (180)
9.6.7 步骤 7 …………………………………… (181)
9.6.8 步骤 8 …………………………………… (181)

第 10 章 模型训练篇 …………………………………… (183)

10.1 AI 模型训练 …………………………………… (185)
10.2 LoRA 模型的优势 …………………………………… (185)
10.3 LoRA 模型训练 …………………………………… (185)
10.3.1 训练工具选择 …………………………………… (186)
10.3.2 训练目标分析 …………………………………… (186)
10.3.3 底模选择 …………………………………… (187)
10.3.4 训练集选择与处理 …………………………………… (187)
10.3.5 训练参数调整 …………………………………… (191)
10.3.6 开始训练 …………………………………… (195)
10.3.7 模型测试 …………………………………… (196)

附录 A 反向提示词查询表 …………………………………… (200)

附录 B 正向提示词查询表 …………………………………… (201)

附录 C 语义分割颜色查询表 …………………………………… (217)

参考文献 …………………………………… (223)

第1章

认识 AI 及 Stable Diffusion

【学习目标】

1. 了解 AI 及相关专有名词；
2. 了解 AI 绘画及 Stable Diffusion；
3. 安装 Stable Diffusion 及界面认识。

【技能目标】

1. 能够说清楚 AI 及 AI 绘画；
2. 能够安装并使用 Stable Diffusion 生成第一张图像；
3. 能够说清楚 Stable Diffusion 界面的几个版块。

【素质目标】

1. 通过了解 AI 知识，培养探索新知识和独立解决问题的能力；
2. 通过学习能够自己部署 Stable Diffusion，锻炼动手能力，学以致用。

【知识串联】

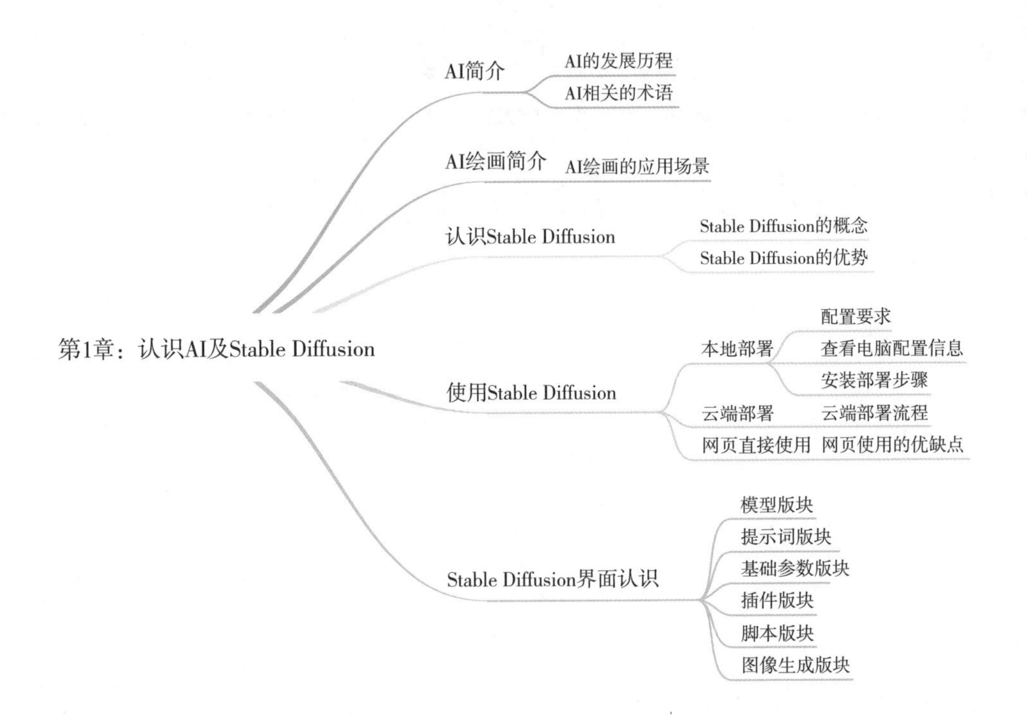

第1章：认识AI及Stable Diffusion
AI简介
AI的发展历程
AI相关的术语
AI绘画简介
AI绘画的应用场景
认识Stable Diffusion
Stable Diffusion的概念
Stable Diffusion的优势
使用Stable Diffusion
本地部署
配置要求
查看电脑配置信息
安装部署步骤
云端部署
云端部署流程
网页直接使用
网页使用的优缺点
Stable Diffusion界面认识
模型版块
提示词版块
基础参数版块
插件版块
脚本版块
图像生成版块

云课堂

1.1　AI 简介

人工智能（Artificial Intelligence，AI）是计算机科学的一个分支，旨在通过模拟人类智能过程来实现自主学习、推理和决策。AI 的核心在于使机器能够执行通常需要人类智能的任务，如理解语言、识别图像、解决问题等。AI 技术包括机器学习、深度学习、自然语言处理等。

1.1.1　AI 的发展历程

早期发展：从 20 世纪 50 年代开始，AI 的概念由艾伦·麦席森·图灵等学者提出。早期 AI 的研究主要集中在基础算法和理论研究上。

繁荣期：20 世纪 80 年代，随着计算能力的提高和数据量的增加，AI 研究进入了一个快速发展的阶段。在这一时期，神经网络和专家系统成为研究的热点。

现代 AI：进入 21 世纪后，深度学习和大数据技术的突破使 AI 应用得到了极大的扩展。AI 开始在图像识别、语音识别、自然语言处理等领域表现出强大的能力。

1.1.2　AI 相关的术语

接下来将介绍一些与 AI 紧密相关的术语，这些术语不仅是理解 AI 领域的基础，更是实际应用的重要工具。通过深入了解这些术语，读者将更好地掌握 AI 技术的基本原理与应用场景。

（1）人工智能生成内容（Artificial Intelligence Generated Content，AIGC）：通过人工智能技术生成的各种形式的内容，如文本、图像、音频、视频等。与传统的用户生成内容（User Generated Content，UGC）和专业生成内容（Professional Generated Content，PGC）不同，AIGC 依靠 AI 算法（如深度学习模型、自然语言处理等）自动生成内容。近年来，AIGC 主要应用于内容创作、广告制作、游戏开发和影视制作等领域，如大语言模型生成的文章和生成的对话内容。

（2）通用人工智能（Artificial General Intelligence，AGI）：一种具备广泛、通用智能的人工智能系统，能够像人类一样理解、学习和推理，并在多个不同的领域执行任务。与目前主流的特定任务人工智能（如阿尔法围棋、图像识别模型）不同，AGI 的目标是创造能够处理多种复杂任务的智能体，其不依赖于特定的任务编程。AGI 能够自主学习新的知识、适应变化的环境，是人工智能领域的最终愿景之一，但实现它仍面临巨大挑战。

（3）机器学习（Machine Learning）：一种AI技术，通过分析大量数据，可以自动从中学习和改进，而无须明确的编程指令。常见的机器学习算法包括决策树、支持向量机和神经网络等。

（4）深度学习（Deep Learning）：机器学习的一个子领域，基于多层神经网络结构，能够处理大量复杂数据。它主要用于图像识别、语音识别、自然语言处理等任务。

（5）人工神经网络（Artificial Neural Network，ANNs）：一种模拟人脑结构的计算模型，由多层"神经元"组成。ANNs能够通过调整连接权重，自动学习数据中的模式和特征。

（6）自然语言处理（Natural Language Processing，NLP）：AI领域的一个分支，旨在让计算机理解、解释和生成人类语言。它广泛应用于语音识别、翻译、文本分类等领域。

（7）生成式对抗网络（Generative Adversarial Networks，GAN）：一种神经网络架构，由生成器和判别器两个对抗模型组成。生成器负责生成逼真的数据，判别器则用于区分生成的数据和真实数据，最终两者共同提升生成数据的质量。

（8）强化学习（Reinforcement Learning）：一种AI学习方法，通过与环境的互动，系统根据反馈（奖励或惩罚）逐步优化决策。它在游戏AI、自动驾驶等领域有着广泛的应用。

（9）卷积神经网络（Convolutional Neural Networks，CNN）：一种深度学习模型，特别适用于处理图像数据。它通过卷积层提取图像中的特征，在图像识别、物体检测等任务中表现出色。

（10）迁移学习（Transfer Learning）：一种机器学习技术，通过将预训练模型应用于新的但相关的任务上，可以减少对大量数据的需求，加速模型训练。

（11）自动编码器（Autoencoder）：一种用于数据压缩和特征提取的神经网络模型。它通过将输入数据编码到一个低维空间，并从中重建原始数据来学习数据中的重要特征。

1.2 AI绘画简介

AI绘画是指利用AI技术创作艺术作品的过程。近年来，随着机器学习和深度学习技术的进步，AI绘画得到了显著的发展。

以下是AI绘画的一些应用场景。

（1）广告与营销。广告公司可以根据客户偏好使用 AI 绘画工具自动生成个性化广告素材；可以根据用户数据创建视觉风格独特的广告，提高营销效率。

（2）游戏与影视。游戏开发公司可以利用 AI 绘画工具自动生成游戏中的场景、角色设计和背景。这大大缩短了美术设计的时间，并减少了创作成本。AI 生成的图像可以作为电影中的概念艺术，为导演提供视觉化的场景和特效设计。

（3）时尚与工业设计。在时尚行业，利用 AI 可以生成服装设计；结合深度学习模型 AI 可以分析流行趋势，创造出前沿的服装款式。工业设计师使用 AI 绘画工具可以生成产品原型，如家具、鞋类、手袋等。AI 能帮助设计师设计出独特的产品外观。

（4）艺术与创意行业。艺术家可以通过 AI 绘画工具产生全新的艺术风格作品。博物馆和画廊可以利用 AI 生成艺术品，并作为展览内容，探索人类与机器创意合作的潜力。

（5）出版。出版商可以使用 AI 绘画工具生成书籍的封面和插图，节省人力成本和时间，并创造出与众不同的视觉风格。

（6）电商。AI 绘画技术可以用于生成高质量的电商产品图片。特别是对于不同颜色或样式的产品，AI 可以生成对应的图片，减少人工拍摄的工作量。结合 AI 绘画与增强现实（Augmented Reality，AR）技术，电商平台提供了虚拟试穿服务，消费者可以通过 AI 生成的模拟图像来查看服装或化妆品的效果。

（7）培训。AI 绘画工具被用于教学和艺术培训，帮助学生理解艺术创作过程和不同风格的运用技巧。

（8）建筑设计。AI 绘画可以根据建筑设计师和室内设计师的垫图要求，引导生成相应的渲染图，为他们提供更多的创意与灵感。

未来，随着 AI 技术的不断进步，AI 绘画将变得更加智能化和多样化，可能会涌现出更多创新的应用场景和艺术形式。AI 绘画代表了科技与艺术融合的前沿，展现了人工智能在创造性领域的潜力。随着 AI 技术的不断发展，我们可以期待 AI 将为艺术创作带来更多的惊喜和可能性。

1.3　认识 Stable Diffusion

在了解了 AI 和 AI 绘画的相关知识后，我们即将要学习 AI 绘画的“王牌”程序 Stable Diffusion（简称 SD）。

1.3.1　Stable Diffusion 的概念

Stable Diffusion 是一种用于生成图像的深度学习模型。它属于 GAN 和扩散模型（Diffusion Models）家族的一种。这类模型的主要目标是根据给定的文本描述或其他输入生成高质量的图像。

Stable Diffusion 的核心思想是通过逐步迭代和噪声处理来生成图像。具体而言，它从一张随机噪声图像开始，然后逐步减少噪声，生成清晰的图像。这一过程涉及以下两个主要步骤。

（1）前向扩散过程：将真实图像逐步加入噪声，直到图像变得完全模糊。这个过程用于训练模型，让模型学会如何从噪声中恢复图像。图 1－1 展示了常规图像到噪声图的扩散过程。

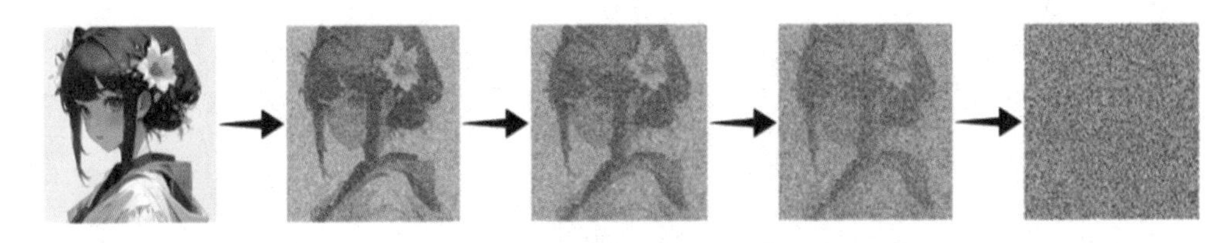

图 1－1　前向扩散过程

（2）反向生成过程：从噪声图像开始，使用训练好的模型逐步去除噪声，生成清晰的图像。这个过程是通过模型预测去噪声的结果来实现的。图 1－2 展示了不同步数生成的图像。

图 1－2　反向生成过程

1.3.2　Stable Diffusion 的优势

Stable Diffusion 的优势主要有以下几个方面。

（1）开源免费。得益于这一特性，任何个人、开发者或企业都能够自由使用这一强大的图像生成工具，而无须支付昂贵的许可费用或被特定平台限制。这为创意者和开发者们提供了极大的自由度，他们不仅可以使用现成的模型生成高质量的图像，还可以根据自己的需求进行定制化训练。

开源模型鼓励全球社区共同参与改进和创新，这推动了 Stable Diffusion 的快速发展和广泛应用。无论是在艺术创作、设计，还是在科研和商业应用中，Stable Diffusion 都为用户提供了一个高效、低成本的解决方案，使生成式 AI 的潜力触手可及，真正实现了人人可用的 AI 技术。

(2) 本地部署。Stable Diffusion 模型经过一轮又一轮的优化迭代，目前已经可以在民用级电脑上运行，而且能发挥其强大的绘图功能。另外，其因本地部署的特性，不用担心数据安全性的问题，谁生成的图像，只会留存在谁的电脑上。

(3) 简易操作界面。Stable Diffusion 拥有强大的开源社区环境，国内外技术专家，先后对这款程序做了启动器优化、UI 界面优化、插件拓展适配等工作，这使得 Stable Diffusion 界面操作越来越简单。

(4) 不断进化迭代。Stable Diffusion 不同于传统软件的是，其功能进化迭代的方式主要取决于模型的迭代和拓展的功能。不断涌现的新模型，不断开发及优化的新拓展，使得 Stable Diffusion 的功能已不局限于绘图，文生视频、图生视频、视频转绘等功能都能够在这款程序中实现。

1.4　使用 Stable Diffusion

前文说到 Stable Diffusion 是一个开源的 AI 绘画程序，我们如何能用上 Stable Diffusion？这里总结了三种方式。

1.4.1　本地部署

本地部署需要一定的电脑配置要求，其优点是可长期免费使用。在学习本地部署之前需要了解 Stable Diffusion 对电脑配置的具体需求及如何查看电脑的配置信息。待电脑配置符合运行要求后才能进行部署。

1.4.1.1　配置要求

➢ 系统：Windows10/11。(不推荐苹果电脑，会很慢)

➢ CPU：基本无要求。(intel 或者 AMD 都行，不要太老的就行)

➢ 运行内存：8 G。(8 G 运行内存是最低要求，建议 16 G 及以上运行内存)

➢ 显卡：AMD/NVIDIA 显卡，4 G 显存。(建议 NVIDIA 显卡，显存大小非常重要，显存越高越好，不推荐 AMD 显卡)

➢ 硬盘可用空间：60 G。(推荐固态硬盘，后续使用 Stable Diffusion 需要装更多模型，建议可用空间 100 G 以上)

这里列出了能够启动 Stable Diffusion 的最低配置，当然配置越高越好。使用本地部署显卡是最重要的，特别是显卡显存的大小会直接影响最终的出图质量。

1.4.1.2　查看电脑配置信息

按住键盘上的“Esc＋Shift＋Ctrl”或者点击电脑下方的任务栏即可选择调出电脑的任务管理器，再点击最左边红框位置的性能按钮即可查看到图 1－3 所示的界面。在图 1－3 中，“内存”即电脑的运行内存大小，“专用 GPU 内存”即显卡的显存大小，右上角红框区域为显卡型号。注意查看显卡驱动日期，若显卡驱动太老，则需要更新显卡驱动。

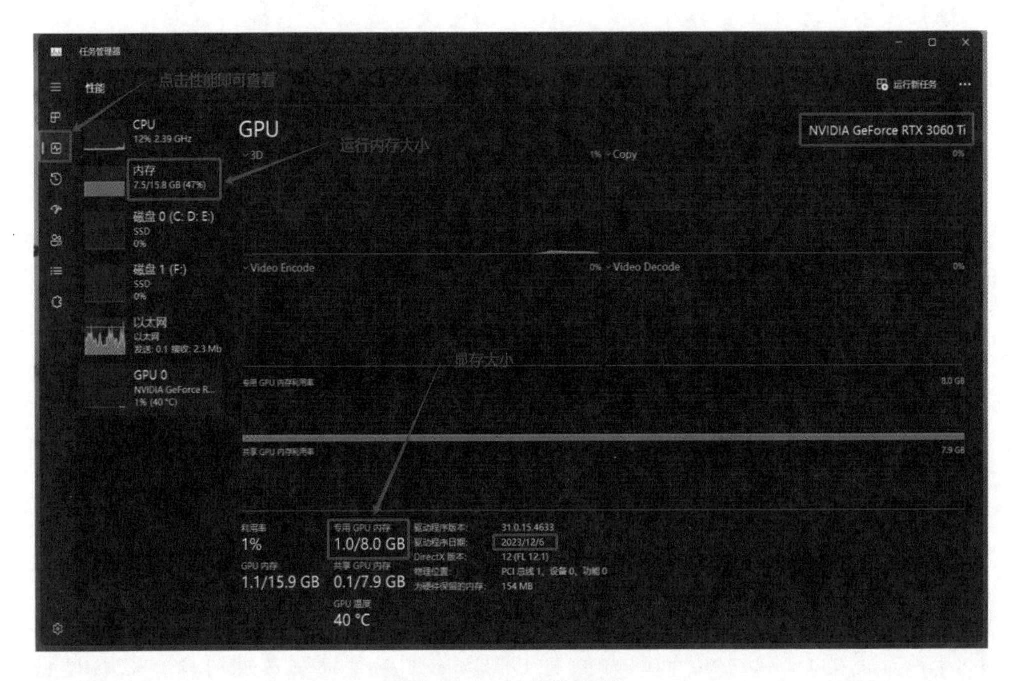

图 1－3　任务管理器

1.4.1.3　安装部署步骤

（1）下载 Stable Diffusion 安装包到需要安装的电脑盘位置，建议是非 C 盘的固态盘。

（2）解压安装包，打开文件，寻找启动器运行依赖与 A 绘世启动器。

（3）安装启动器运行依赖（见图 1－4），然后弹出图 1－5所示的运行依赖安装界面，点击“修复”。

（4）运行 A 绘世启动器（见图 1－6），然后弹出图 1－7 所示的绘世启动器界面，点击右下角“一键启动”即可。

图 1－4　启动器运行依赖

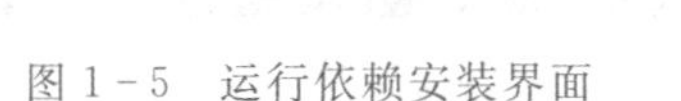

图 1－5　运行依赖安装界面

图 1－6　A 绘世启动器

图 1－7　A 绘世启动器界面

（5）启动成功后会自动弹出操作界面（见图 1－8），此时即安装成功了。在提示词框中输入需要生成的内容，静待几秒就会生成 AI 图像。

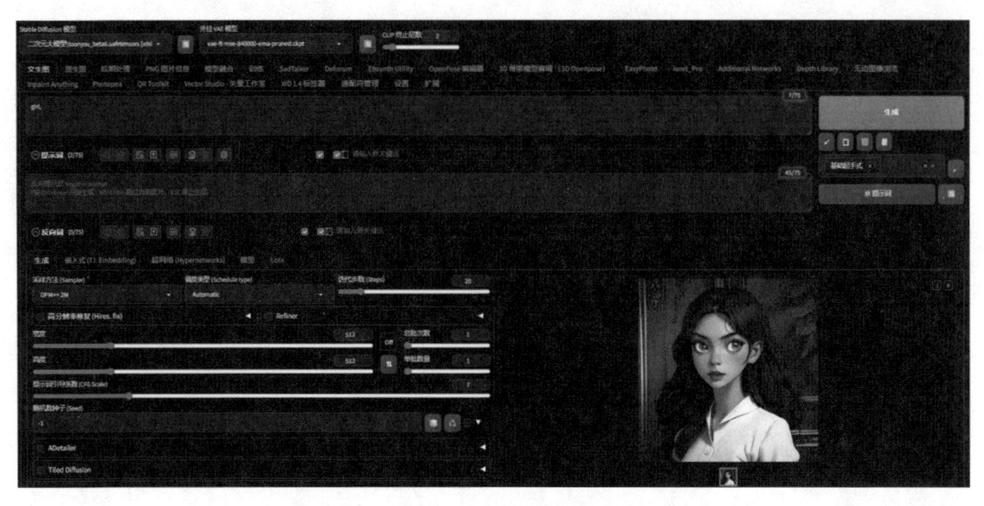

如图 1-8　操作界面

1.4.2　云端部署

云端部署就是将 Stable Diffusion 程序部署在第三方算力服务器上，然后通过购买算力（租显卡）的方式连接服务器使用 Stable Diffusion。云端部署虽然对电脑配置要求不高，办公笔记本都可以，但电脑必须能够联网，需要实名制，并需要支付相应的租服务器的费用。

青椒云是一个云电脑服务商，其操作简单，里面的界面容易被电脑新手所接受。

云端部署流程如下。

（1）访问青椒云链接，下载并安装对应客户端：https：//www.qingjiaocloud.com/download/，如图 1-9 所示。

图 1-9　下载青椒云客户端

（2）注册并登录青椒云客户端。

（3）点击右上角账号的“用户中心”，完成实名认证，如图 1-10 所示。

图 1-10　用户中心

（4）主界面选择“华南 5”，并点击“新增云桌面”，如图 1-11 所示。

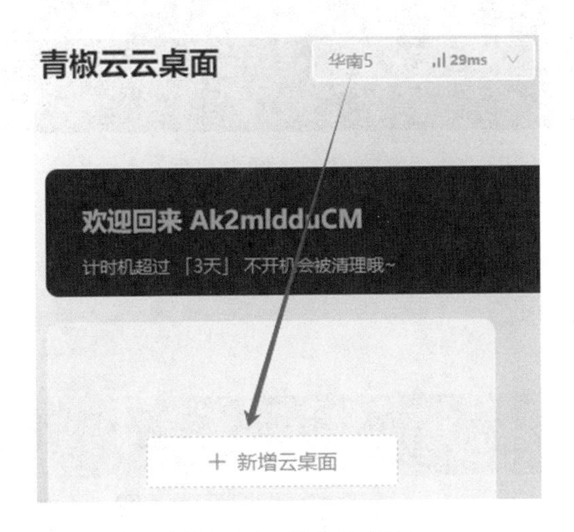

图 1-11　新增云桌面

（5）选择“定制产品”，并找到部署了 Stable Diffusion 的云电脑，如图 1-12所示。选择计费方式，点击“立即添加”后开机即可。

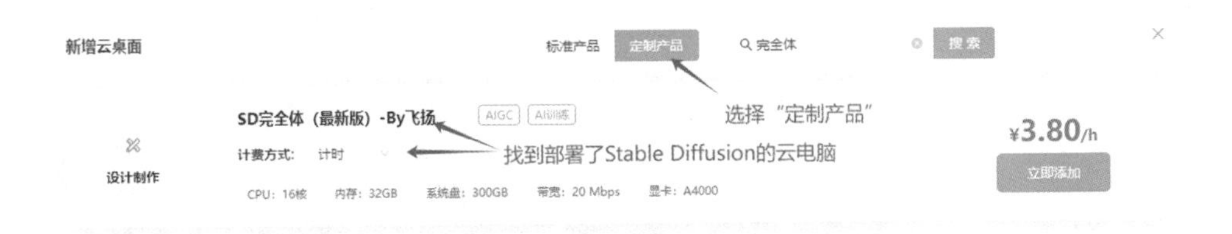

图 1-12　选择部署了 Stable Diffusion 的云电脑

（6）开机后，即可进入云电脑界面，如图 1 - 13 所示。云电脑可以理解为云端的一台高配电脑。“SD 完全体- By 飞扬”部署了 Stable Diffusion、ComfyUI 及模型训练工具，可以直接使用。

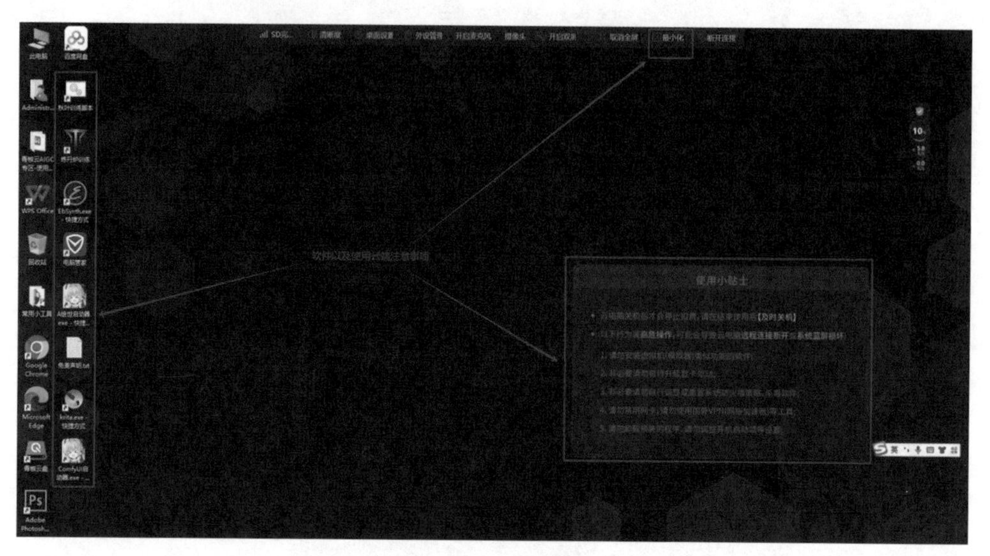

图 1 - 13　云电脑界面

（7）在不使用云电脑时一定要关机，否则会一直处于计费状态。云电脑关机操作如图 1 - 14 所示。

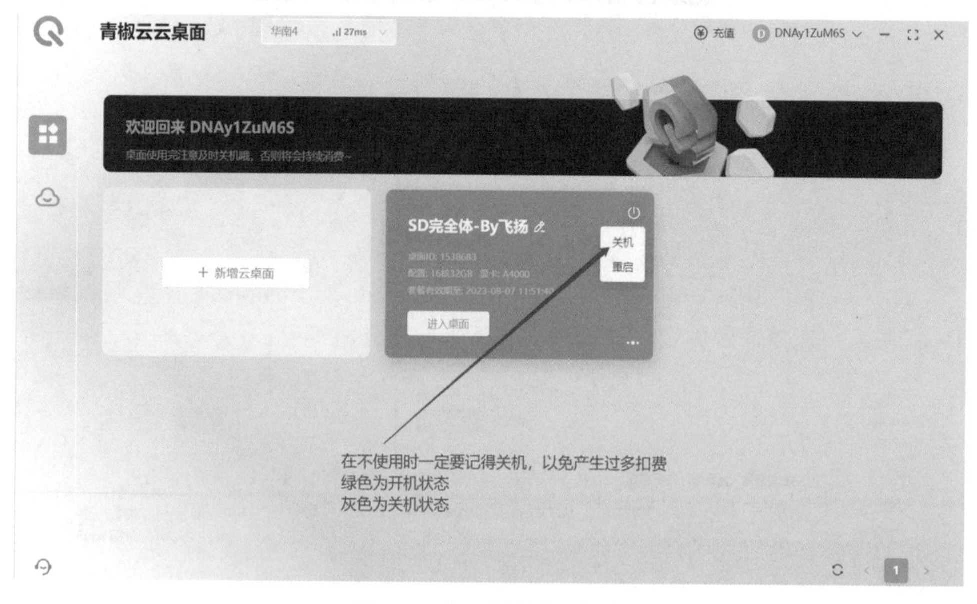

图 1 - 14　云电脑关机操作

1.4.3　网页直接使用

有些 AI 相关的网页为了吸引更多的网络用户，会将 Stable Diffusion 图像生成版块做到网站里。这样既不需要用户电脑的高配置，也不需要租用服务器。但这种一般一开始免费，后续可能会要求充值会员才能用。值得注意的是，这种网页直接使用的都是低配版的 Stable Diffusion。低配即减少了很多插件，只放了常用的插件和模型，其功能是远没有本地部署和云端部署功能强大的，而且无法自行安装更多拓展和功能。网页直接使用适合刚刚接触 Stable Diffusion，还没本地部署的人体验使用。

1.5　Stable Diffusion 界面认识

打开 Stable Diffusion 程序，会看到一个操作界面，这里将 Stable Diffusion 界面分为多个版块，后续将对各版块的功能逐一详细讲解，让读者了解各版块的功能、用途及它们的关系，在图像生成过程中发挥各自版块的作用，进而完全掌握 AI 绘画程序 Stable Diffusion，用好 AI 绘画工具，实现由原先的传统设计流程到 AI+传统的设计流程，从而提高设计的质量与效率。

Stable Diffusion 的界面如图 1-15 所示。

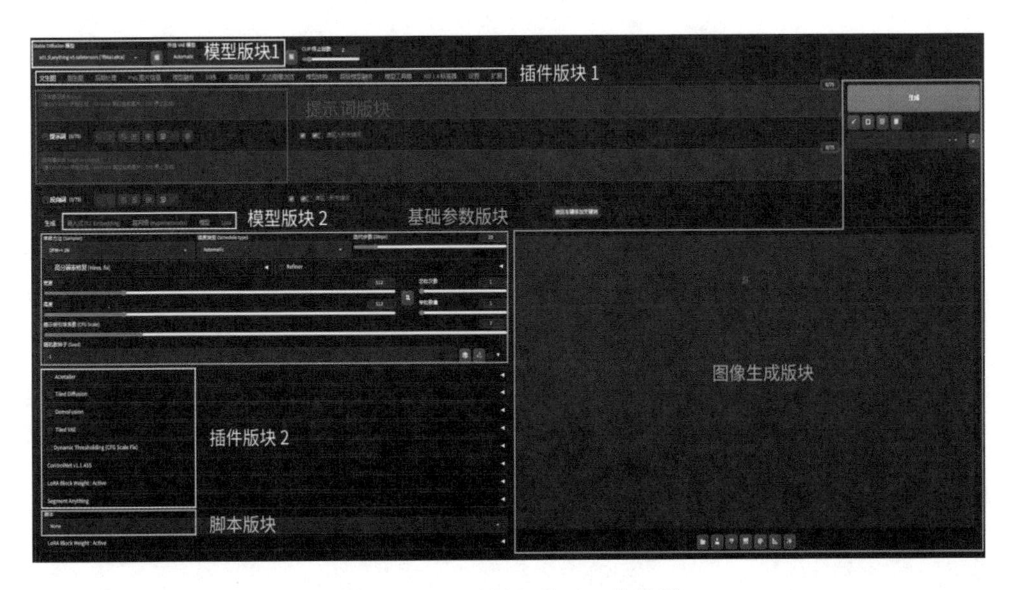

图 1-15　Stable Diffusion 的界面

（1）模型版块：此版块分为两块，为 Stable Diffusion 常用类型的模型调用区，涵盖主模型、VAE 模型、Embedding 模型、Hypernetworks 模型及 LoRA 模型等。

（2）提示词版块：此版块也分为两块，分别为正向提示词的输入框与反向提示词的输入框。

（3）基础参数版块：包含了采样器、调度器、步数、图像尺寸、生成数量等。

（4）插件版块：插件也称为拓展，是实现 Stable Diffusion 功能的模块。插件版块也分为上下两块。

（5）脚本版块：实现 Stable Diffusion 功能的重要组成模块。

（6）图像生成版块：主要用于控制生成图像及图像的预览保存等。

第2章

模 型 篇

【学习目标】

1. 学习 Stable Diffusion 模型简介；
2. 了解 Stable Diffusion 图像生成过程；
3. 掌握主模型、VAE 模型、Embedding 模型、LoRA 模型。

【技能目标】

1. 能够说清楚 Stable Diffusion 图像生成过程；
2. 能够说清楚 Stable Diffusion 常用的四类模型基础属性及作用；
3. 能够下载、安装和调用 Stable Diffusion 常用的四类模型。

【素质目标】

1. 通过深度学习 AI 模型，进一步理解 AI，懂得 AI 程序运行的逻辑；
2. 模型种类多种多样，功能不同，锻炼记忆力、学习能力。

【知识串联】

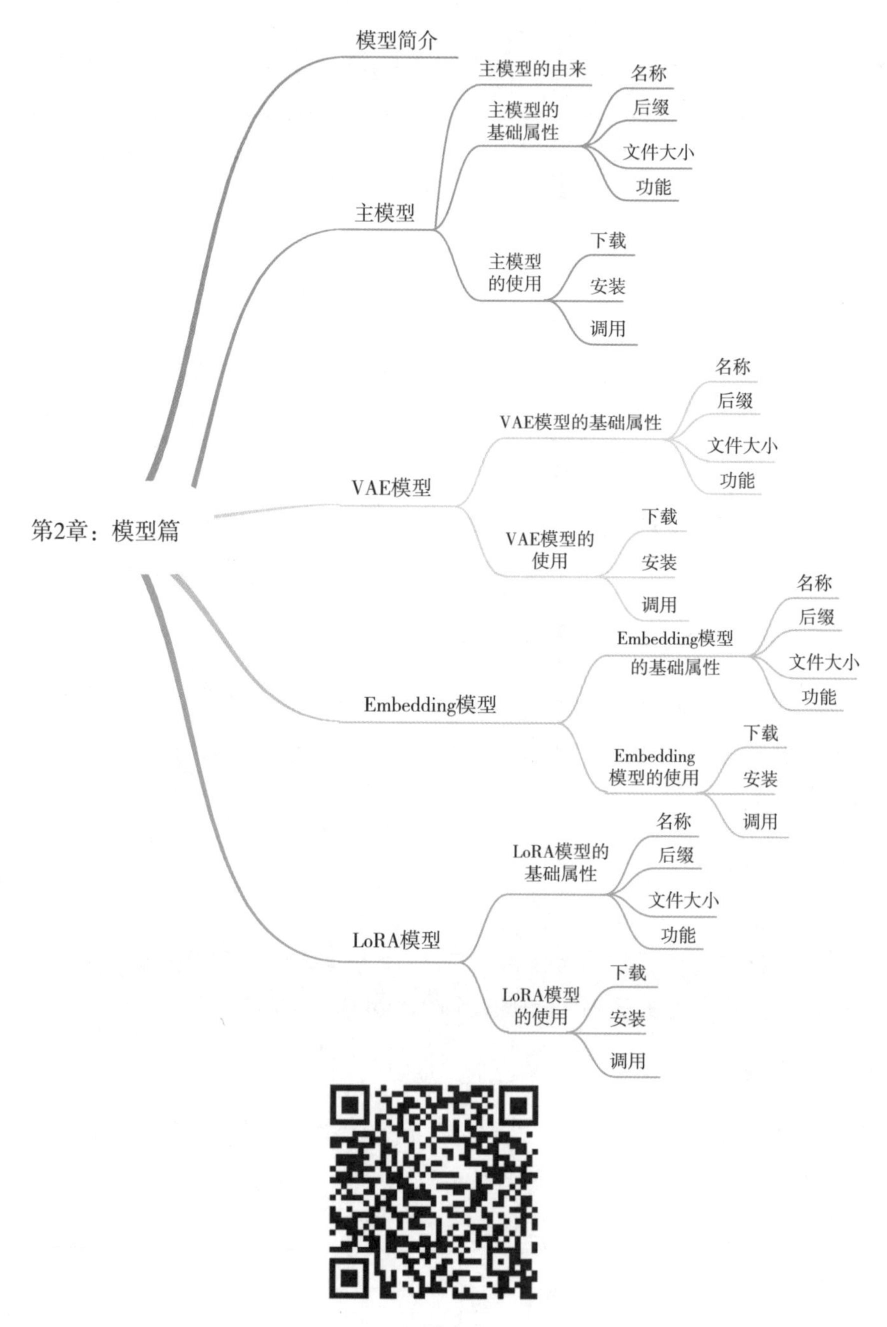
第2章：模型篇
模型简介
主模型
主模型的由来
主模型的基础属性
名称
后缀
文件大小
功能
主模型的使用
下载
安装
调用
VAE模型
VAE模型的基础属性
名称
后缀
文件大小
功能
VAE模型的使用
下载
安装
调用
Embedding模型
Embedding模型的基础属性
名称
后缀
文件大小
功能
Embedding模型的使用
下载
安装
调用
LoRA模型
LoRA模型的基础属性
名称
后缀
文件大小
功能
LoRA模型的使用
下载
安装
调用

云课堂

2.1　模型简介

Stable Diffusion 中文翻译为稳定扩散，所以人们通常叫它扩散模型。最初，德国 CompVis 参考 Stability AI 和 Runway 发表的论文推出了相关程序，自此便拉开了 Stable Diffusion 绘画的序幕。

在使用 Stable Diffusion 过程中，会学习到主模型（Stable Diffusion 模型）、VAE 模型、Embedding 模型、Hypernetworks 模型、LoRA 模型和插件专属模型，并了解这些模型在生成图像时起到的作用。图 2－1 展示了部分模型在 Web UI 中的具体位置。

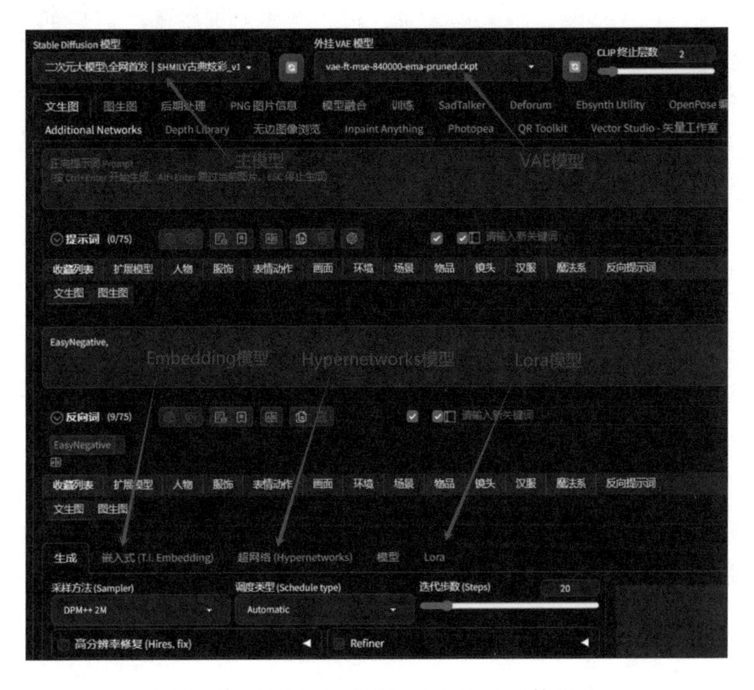

图 2－1　部分模型在 Web UI 中的具体位置

2.2　主模型

首先要学习的是主模型（Stable Diffusion 模型），其又称为 Checkpoint 模型。

2.2.1 主模型的由来

最初的 Stable Diffusion v1.5 等官方主模型是通过几百个超级图形处理器对海量训练集耗时上万小时训练出来的，一个模型的训练成本为数百万人民币，有的甚至更高。我们所看到的模型站的五花八门的模型都是基于官方主模型融合或用自己的训练集参考训练出来的，这样的训练，在一张 4090 显卡的主机上即可完成，且训练成本大大降低、训练时间大大缩短。

值得注意的是，我们很少见到直接使用官方主模型生成图像的，其原因主要有以下几点。

（1）效果问题：尽管 Stable Diffusion 的主模型是 Stable Diffusion 官方大模型，但它们在实际应用中的效果并不理想。许多用户发现这些自带的大模型生成的图像质量较差，无法满足他们的需求。但经过模型训练师微调后的模型，在特定的图像风格领域，表现会有很大的提升。

（2）个性化和定制化：用户可以根据自己的需求对模型训练师训练的模型进行调整和优化。例如，有些模型可能更适合生成特定风格的图像或处理特定类型的内容。

（3）版权和安全考虑：从 Stable Diffusion v2.0 开始，为了版权和安全考虑，官方对生成内容进行了限制，而第三方模型则不受这些限制，可以生成更多样化的图片。

（4）计算资源和时间成本：虽然 Stable Diffusion 的开源特性带来了灵活性，但其生成高质量图像通常需要大量的计算资源和较长的时间。因此，许多用户选择使用经过优化和调整的模型，以提高效率。

综上所述，尽管 Stable Diffusion 官方主模型提供了基本的绘图功能，但由于其效果不佳、缺乏灵活性及对内容的限制，人们更倾向于使用第三方训练的模型来获得更好的体验和结果。

2.2.2 主模型的基础属性

（1）名称：主模型（Stable Diffusion 模型）又称为 Checkpoint 模型。

（2）后缀：一般以“ckpt”或者“safetensors”为后缀。值得注意的是，ckpt 就是 Checkpoint 的简写；以“safetensors”为后缀的主模型更安全，不会携带病毒。

（3）文件大小：一般常见主模型文件大小为 1.98 G～6.4 G，特殊算法比如 Stable Diffusion v3.0 的主模型会大于这个值。主模型文件大小取决于模型的精度和包含的组件。

（4）功能：常用来控制图像生成的风格。主模型常被用于完成各种图像生成任务，从艺术创作到现实主义风格的图片生成任务其都能胜任。需要注意的是，随着模型算法的升级迭代，主模型也可以通过提示词调整扩展的加持，增加其除控制风格以外的功能。

（5）模型算法：如图 2－2 所示，我们能够看到主模型有很多不同的算法。刚学习 Stable Diffusion 只需要知道通用模型 v1.5、v2.1 的算法，其具有广泛的适用性和兼容性，是目前使用较广泛的模型类型。XL 模型专为处理较大图像或特定任务设计，整体图像质量高于上述模型算法，但是它需要与 XL 系列的其他组件（如 VAE 和 LoRA）配合使用。其他算法虽然图像表现可能优于常用算法，但是其生态并不完整，而且对显卡、显存的要求会更高，后续会在特定使用场景下学习，如 Stable Diffusion v3.0、Dit 混元模型、加速模型 Cascade、视频生成模型 SVD 及 F.1（Flux）模型。截至 2024 年 9 月，最新最有前景的模型算法为 F.1（Flux）。

基础底模

基础算法v1.5	基础算法v2.1	基础算法XL	基础算法v3
基础算法F.1	Pony	PixArt α	PixArt Σ
混元DiT v1.1	混元DiT v1.2	Kolors	Aura Flow
Playground V2	Lumina	SVD	SVD XT
Cascade Stage a	Cascade Stage b	Cascade Stage c	

图 2－2　不同算法的基础底模

（6）模型的拆解：这里以 v1.5 的基础模型为例，主模型可以拆分为 CLIP、U－Net、VAE。

① CLIP：会把提示词（tag）转化成 U－Net 网络能理解的 Embedding 形式。简单地说就是将“人话”转换成 AI 能够理解的语言。

② U－Net：对随机种子生成的噪声图进行引导，指导去噪的方向，找出需要改变的地方，并给出改变的数据。简单地说就是死盯着乱码图片，看它像什么。

③ VAE：AI 原本的生成图不是人能看的正常图片，VAE 的作用就是把 AI 的这部分输出转化为人能看的图片。简单地说就是把 AI 输出翻译成人能看到的图片。

了解了主模型可以拆分成以上三个模块后，再来了解下它们是如何工作的。如图 2－3 所示，其工作步骤如下。

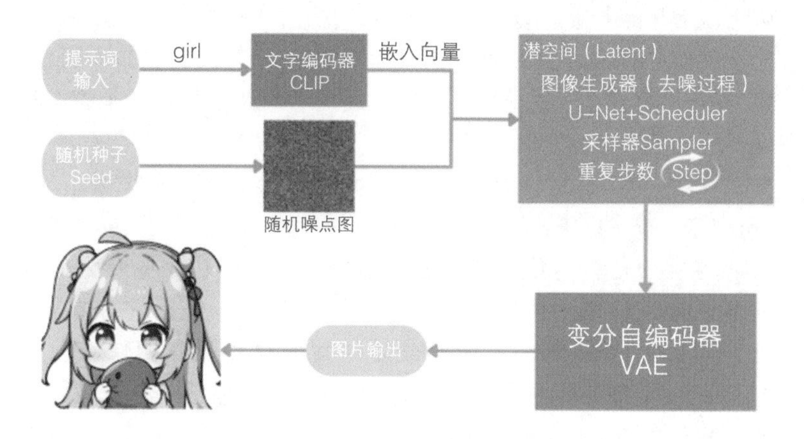

图 2-3 图像生成过程

① 提示词输入“girl”指令，主模型的文字编码器（CLIP）模块将其编码成电脑能懂的向量信息。

② 随机种子（Seed）（有些系统也称为随机数种子）会提供一张随机噪点图。

③ 绘画指令有了、噪点图有了，就会在潜空间（Latent）里由主模型的 U-Net 对噪点图进行去噪处理，多步（Step）循环去噪后在潜空间生成图像。这里需要额外了解一下，在潜空间中采样器（Sampler）和调度器（Scheduler）的作用是生成和调节噪声，从而实现从噪声到清晰图像的转换。

④ 潜空间处理后依旧是数据，此时需要解码成人能够看懂的图像。这时就需要使用主模型里面的 VAE 模块进行解码，最终输出人能够看到的 PNG 图像。注意：主模型在训练时也可以不含有 VAE 模块，通过调用额外的 VAE 模型进行解码。我们目前看到的主模型百分之九十都是自带 VAE 模块的。

2.2.3 主模型的使用

了解了主模型后，该如何将其放在 Stable Diffusion 中使用呢？这里就需要从主模型的下载、安装和调用开始讲解。

2.2.3.1 主模型的下载

主模型的获取分为多个渠道：老师提供、网上博主分享和模型资源站下载。常用模型资源站推荐 LiblibAI。

获取主模型的注意事项：图 2-4 中模型作者、模型名称、模型版本和模型大小简单了解即可。在下载模型时应重点了解以下参数。

(1) 模型出图效果：看模型作者展示的图像是否符合即将生成图像的画风需

求。注意：这里展示的图像中的女孩看似一样，但是此模型并不是面部模型。有些主模型在训练时因使用相同长相的女孩数据集较多，在一定程度上也会学习到女孩的长相。

图 2-4　主模型的下载

（2）作者对模型的使用建议：作者训练好模型后，进行了大量的测试，总结了这个模型非常好用的参数，使用技巧，搭配什么样的其他类模型会有好的效果。但是，即使是模型作者也不能完全开发自己训练出来模型的最强能力与效果。严格来说，这取决于训练此模型的基础底模，以及使用人的需求。

（3）模型类型和算法：图 2-4 中显示的类型是 CHECKPOINT。从上文的学习中可知，它就是主模型的另外一个名称，所以需要放进主模型的安装目录下，下文中会讲到。

（4）商用范围：我们需要尊重每个模型训练师的劳动成果，未来我们也会成为模型训练师。成为 AI 模型训练师并不难，本书最后一节会有教程，但精通的模型训练师是需要钻研的。

2.2.3.2 主模型的安装

按照上文所述的方式将主模型文件下载后，再将作者展示的模型效果图下载下来，然后安装到如图 2-5 所示的位置。

安装路径：

```
sd-webui-FY249-v4.9\models\Stable-diffusion
```

图 2-5 主模型安装路径

注意：模型预览图安装时，需要保持图像和模型的名称一致，后缀可以不一样。模型预览图安装如图 2-6 所示。

图 2-6 模型预览图安装

2.2.3.3 主模型的调用

进入 Stable Diffusion 的 Web UI 界面后，点击左上角的模型下拉菜单，可以看到之前放置的模型文件。点击刷新按钮，就可以使用已经安装的主模型了。模型的调用如图 2－7 所示。

图 2－7　模型的调用

注意：由于这个界面已经半汉化了，如果再次对整个网页进行翻译，会导致无法切换模型。

2.3　VAE 模型

VAE 模型，即变分自编码器（Variational Auto－Encoder）。在 Stable Diffusion 中，VAE 模型被用作概率编码器和解码器，负责将潜空间的数据转换为正常图像。它通过对潜在表示空间的学习，将文本表示转化为高质量、稳定且可复现的图像。此外，VAE 模型可以通过扩散生成网络来替代传统的解码器，从而进一步提高生成样本的质量和多样性。

2.3.1　VAE 模型的基础属性

（1）名称：VAE 模型，变分自编码器。

（2）后缀：和主模型一样，一般以“pt”“ckpt”或者“safetensors”为后缀，特别注意单纯的看文件后缀并不能区分模型类型。

（3）文件大小：一般常见 VAE 模型文件大小为 300 MB～800 MB。

（4）功能：在图像生成过程中负责将潜空间的数据转换为正常图像，并起到滤镜和微调的作用。

2.3.2　VAE 模型的使用

因为上文说过百分之九十的主模型在训练里内置了 VAE 模块，所以在使用时一般也无须调用 VAE 模型，但是如果生成的图像偏灰、偏暗，那么调用 VAE 模型可以很明显地增加色彩饱和度。效果展示：图 2－8 为未使用 VAE 模型效果图，图 2－9 为使用 VAE 模型效果图。

图 2－8 未使用 VAE 模型效果图

图 2－9 使用 VAE 模型效果图

2.3.2.1 VAE 模型的下载

VAE 模型一般没有下载需求，安装包都会内置 2 个 VAE 模型。

➢ animevae.pt：用于生成二次元图像。

➢ vae－ft－mse－840000－ema－pruned.safetensors：用于生成三次元图像。

2.3.2.2 VAE 模型的安装

VAE 模型无须安装模型预览图，只需将模型文件下载后，安装到路径 sd－webui－FY249－v4.9\models\VAE 即可。

2.3.2.3 VAE 模型的调用

跟主模型一样，点击下拉条三角形，然后直接选择即可，如图 2－10 所示。如果刚安装的 VAE 模型不显示，那么需要先点击右侧刷新按钮。

图 2－10 VAE 模型的调用

2.4　Embedding 模型

Embedding 模型又称为 Textual Inversion 模型。在 Stable Diffusion 中，Embedding 模型是一种关键的技术组件，它主要用于将输入的文本提示转换为模型可以理解和处理的向量表示。这种向量表示称为嵌 Embedding，它能够捕捉文本中的语义信息，从而帮助模型生成与文本描述相匹配的图像。

2.4.1　Embedding 模型的基础属性

（1）名称：Embedding 模型，Textual Inversion 模型。

（2）后缀：一般以“pt”或者“safetensors”为后缀，特别注意单纯的看文件后缀并不能区分模型类型。

（3）文件大小：一般常见 Embedding 模型文件大小为 5 kB～7 MB。

（4）功能：简单来说就是提示词打包。例如，在生成图像时，手部的反向提示词要写很多，但这时仅调用一个 badhandV4. pt 的 Embedding 模型即可生成图像。

2.4.2　Embedding 模型的使用

Embedding 模型主要用于反向提示词中，调用 Embedding 模型后，就不用写那么多冗余的反向提示词了。

badhandV4. pt＝（bad hands，extra fingers，missing fingers，deformed hands，mutated hands，disfigured hands，long fingers，crooked fingers，fused fingers，extra limbs，extra arms，deformed fingers，multiple hands，mutated limbs，clawed hands，incomplete fingers，distorted hands，broken fingers，glitch hands，odd hands）

2.4.2.1　Embedding 模型的下载

Embedding 模型的需求很小，一般装几个就可以了（可以去模型资源站下载）。注意：筛选的时候选择 Textual Inversion 即可。Embedding 模型的下载如图 2－11 所示。

2.4.2.2　Embedding 模型的安装

安装 Embedding 模型的时候，也可以一起安装预览图，其安装方式和主模型一样。

安装路径：

sd - webui - FY249 - v4.9\Embeddings

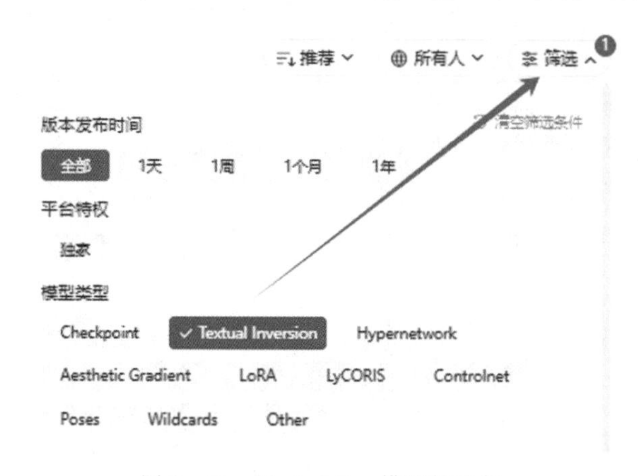

图 2 - 11　Embedding 模型的下载

2.4.2.3　Embedding 模型的调用

不同于主模型和 VAE 模型的调用，Embedding 模型是在提示词框调用的，如图 2 - 12 所示。选择反向提示词框，点击调用的 Embedding 模型，当看到这个模型名称显示在提示词框即已调用。

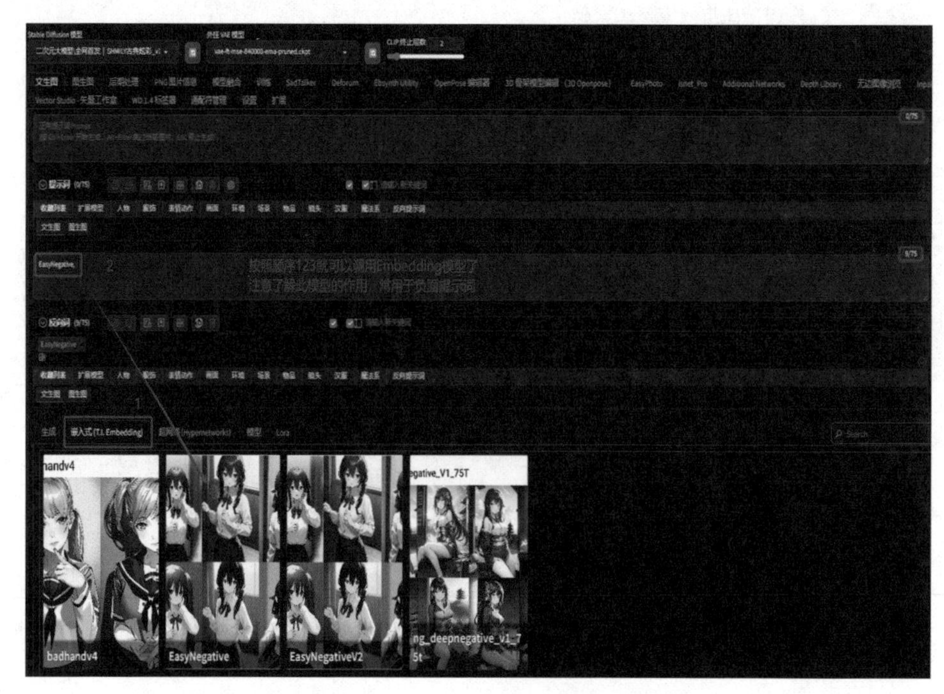

图 2 - 12　Embedding 模型的调用

2.5　LoRA 模型

在讲 LoRA 模型前需要顺便提一下，Hypernetworks 模型。在 LoRA 模型还没有被使用的时候，Hypernetworks 模型被广泛应用，但是自从 LoRA 模型被提出来之后，其强大的功能已经完全替代了 Hypernetworks 模型，所以本书将不再讲解 Hypernetworks 模型。

LoRA（Low - Rank Adaptation）最初是为了微调大语言模型而开发的技术。后来，LoRA 技术也被应用于 Stable Diffusion 模型的微调，它通过低秩适应技术，使得模型的微调更加高效和灵活。其主要优势在于，模型大小通常仅为主模型的 1%～10%，且训练 LoRA 模型比训练主模型更快。

2.5.1　LoRA 模型的基础属性

（1）名称：LoRA 模型。如果看到 LyCORIS 模型也可以当作 LoRA 模型使用。

（2）后缀：一般以“safetensors”为后缀，特别注意单纯的看文件后缀并不能区分模型类型。

（3）文件大小：一般常见 LoRA 模型文件大小为 36 MB～900 MB。

（4）功能：简单来说可以实现人物或者物品的复刻，但不仅于此，画风、光效、光线强度、皮肤纹理、增加图像细节、提升生成速度等都可以通过调用 LoRA 模型实现控制，而且可以同时调用多个 LoRA 模型。

（5）LoRA 模型名称解读，如图 2 - 13 所示。

图 2 - 13　LoRA 模型名称解读

➢ 模型类型：告诉我们这个是 LoRA 模型。

➢ 模型名称：blindbox _ 大概是盲盒 _ blindbox。

➢ 版本：v1 _ mix。

➢ 权重：1，注意这是一个不同于其他模型的独立控制单元，权重可以理解为强度，1=100%，如果这个 LoRA 是个面部特征的模型，那么权重为 0.5 就可以理解成 5 分像了，1 就是很像。从原理上并不是这个意思，这里仅为方便入门理解。权重的常用数值为 0.6～0.9，使用数值区间为 0.3～1.2。

➢ 触发词：暂时可以理解为 LoRA 模型的“钥匙”，有的 LoRA 模型在训练时元数据植入了触发词，那么在使用时就需要输入触发词，否则可能不会触发这个 LoRA 模型的效果。

2.5.2　LoRA 模型的使用

LoRA 模型主要还是在主模型的影响下做微调，它更像一个“副驾驶员”。

2.5.2.1　LoRA 模型的下载

在模型资源站可以下载各种各样的 LoRA 模型。注意：筛选的时候选择“LoRA”或者“LyCORIS”即可。LoRA 模型的下载如图 2-14 所示。

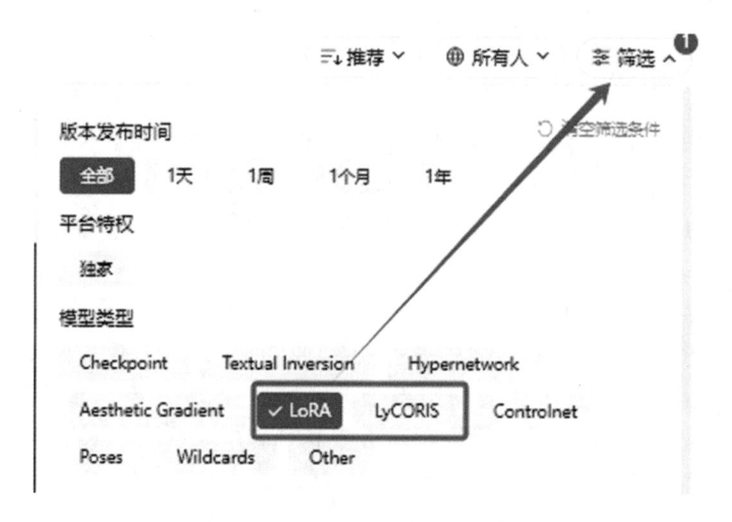

图 2-14　LoRA 模型的下载

2.5.2.2　LoRA 模型的安装

安装 LoRA 模型的时候，也可以一起安装预览图，其安装方式和主模型一样。

安装路径：

```
sd-webui-FY249-v4.9\models\LoRA
```

2.5.2.3　LoRA 模型的调用

不同于主模型和 VAE 模型的调用，LoRA 模型也是在提示词框调用的，如图 2-15 所示。选择正向提示词框，点击调用的 LoRA 模型，当看到这个模型名称显示在提示词框即已调用。注意：有触发词的 LoRA 模型需要在提示词框中填入触发词。

图 2 - 15　LoRA 模型的调用

如图 2 - 16 所示，在下载 LoRA 模型时需要注意，有的 LoRA 模型有触发词，有的 LoRA 模型没有触发词。

图 2 - 16　LoRA 模型的触发词

在此，我们简单做个总结，这四类模型的功能不同，安装路径不同，使用方法不同。主模型主要控制画风，VAE 模型主要增加色彩饱和度，Embedding 模型主要是提示词打包，LoRA 模型主要是人物或物品的复刻。通过本章的学习，读者可以熟练地掌握这四类模型的使用。

第3章

提示词篇

【学习目标】

1. 了解提示词功能；
2. 了解提示词书写逻辑；
3. 了解提示词语法；
4. 学习提示词翻译插件 prompt - all - in - one。

【技能目标】

1. 能够说清楚提示词的功能；
2. 能够认识网络上各种提示词专家写的 Stable Diffusion 提示词；
3. 能够根据真实的商业应用场景，随手写出专业的绘画提示词。

【素质目标】

1. 通过系统性学习，培养循序渐进的学习思路；
2. 通过联想模型与提示词相互作用的关系，培养归纳总结的逻辑思维能力。

【知识串联】

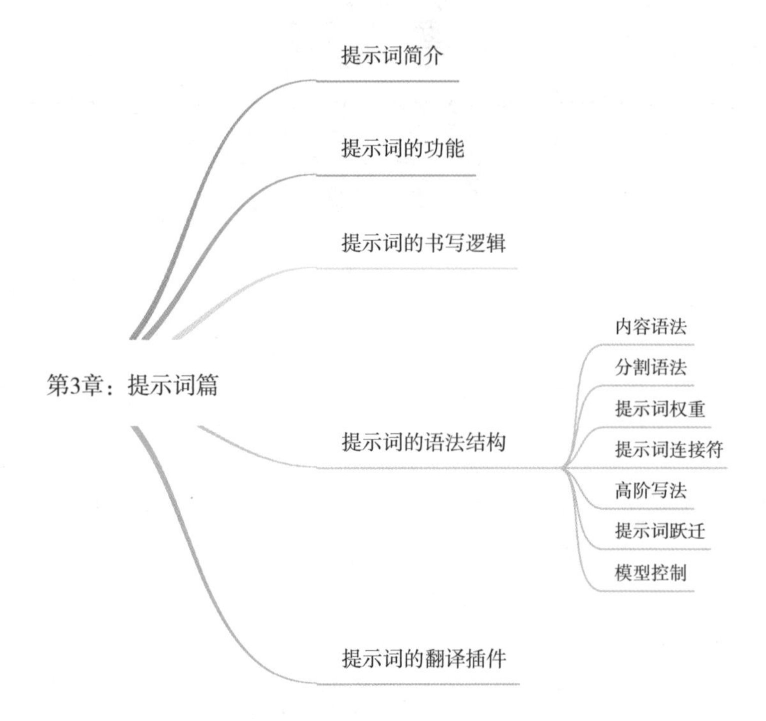
提示词简介
提示词的功能
提示词的书写逻辑
第3章：提示词篇
提示词的语法结构
内容语法
分割语法
提示词权重
提示词连接符
高阶写法
提示词跃迁
模型控制
提示词的翻译插件

云课堂

3.1　提示词简介

Stable Diffusion 的提示词（Prompt）是生成图像时用来引导模型输出内容的文本描述。这个文本描述可以帮助模型理解用户希望生成的图像内容和风格。

在使用 Stable Diffusion 时，用户可以提供一段文本作为提示词，这段文本可能包括有关图像的主题、风格、颜色、构图等方面的详细信息。例如，如果想生成一张描绘未来城市的图像，那么可以使用类似于“一个充满未来感的城市天际线，夜晚，霓虹灯闪烁”这样的提示词。

提示词的质量和细节直接影响生成图像的结果。较为详细和明确的提示词通常能够得到更符合预期的图像。同时，可以使用更具体的描述或艺术风格，来定制图像的细节和感觉。

3.2　提示词的功能

提示词分为正向提示词与反向提示词两个框，如图 3－1 所示。

图 3－1　提示词框

（1）正向提示词：填写想要生成的内容。

（2）反向提示词：填写不想生成的内容。

3.3　提示词的书写逻辑

如图 3－2 所示，学习书写正向提示词与反向提示词。

正向提示词该怎么写？提示词的书写逻辑：写在越靠前面的隐藏权重值越高，优先生成权重高的内容。正常在书写正向提示词的时候，都会从以下维度考虑书写方式，如图 3－2 所示。

正向提示词：

画质 Best Quality,4K,8K Resolution,Extremely Detailed 最佳质量，4K，8K 分辨率，极其详细

主体 1 Girl,Solo 1 女孩，单人

特征 Green Dress,White Hat,Beautiful Face,Smile,White Skin 绿色裙子，白帽，美丽的脸蛋，微笑，白色的皮肤

摄影方式 Front View,35mm Photo,Movie,Bokeh,Backlight 前视图，35mm 照片，电影，散景，逆光

背景构成 Dark Environment,In the Dark,Flat Roof,Ancient Roof 黑暗环境，在黑暗中，平屋顶，古屋面

Lora模型 <lora:YFilter_PortraitEnhance_V1:0.5>

反向提示词：

Embedding模型 bad-picture-chill-75v,

worst quality,ugly,morbid,mutilated,mutation,blurry,bad proportions,extra limbs,missing arms,missing legs,extra arms,extra legs,fused fingers,too many fingers,long neck,long body,deformed

质量最差，丑陋，病态，残缺，突变，模糊，比例差，多余的肢体，缺失的手臂，缺失的腿，额外的手臂，额外的腿，融合的手指，太多的手指，长脖子，长的身体，畸形的

图 3－2 提示词的书写逻辑

（1）画质：书写画质提示词有助于提升画面清晰度及质量，所以默认都会写上一些提升画质类的提示词。

（2）主体：画面内容主体写前面，人物或者产品、物品都可以。需要注意的是，在不断的学习中体会一些单词的特殊意思。比如，“solo，looking at the viewer”翻译过来是“独奏，看着观众”，但是在这里通常表达的是我需要生成一个单人的主体，并且是正面的图像。

（3）特征：描写这个人物的特征及服饰或者描写物品的特征。

（4）摄影方式：比如背景光、轮廓光、景深等。特别需要注意的是，可以写某些摄像机的型号，以此来控制画风。

（5）背景构成：可以写山河树木，也可以写天气。可以是虚化的背景，也可以是简单且高级的背景。

（6）模型调用：这里一般调用的是 LoRA 模型，也可以是 Embedding 模型，但是 Embedding 模型正向调用的很少。

反向提示词该怎么写？反向提示词的书写逻辑：首先是将不想出现的内容直接写进去，常使用 Embedding 模型；再者图像生成出来后，出现了某些突兀的元素，这时候再添加反向提示词重新生成。

常用正向提示词和反向提示词见附录。

使用以上提示词参数生成的效果如图 3－3 所示。

图3－3　生成的效果

3.4　提示词的语法结构

在逛模型站时，通过作品灵感，查看图像对应的提示词，会发现很多人写的提示词和我们写的不一样，比如下面这一段提示词含有多种符号及书写格式。

“Blue and white porcelain，（soda _ can：1.4），lotus pattern，＜LoRA：20231026－1698317787466－0012：0.8＞,”

为什么这么写？这么写有什么好处？下面将一一讲解 Stable Diffusion 提示词的语法结构，让你真正看懂这些书写方式，如图3－4所示。

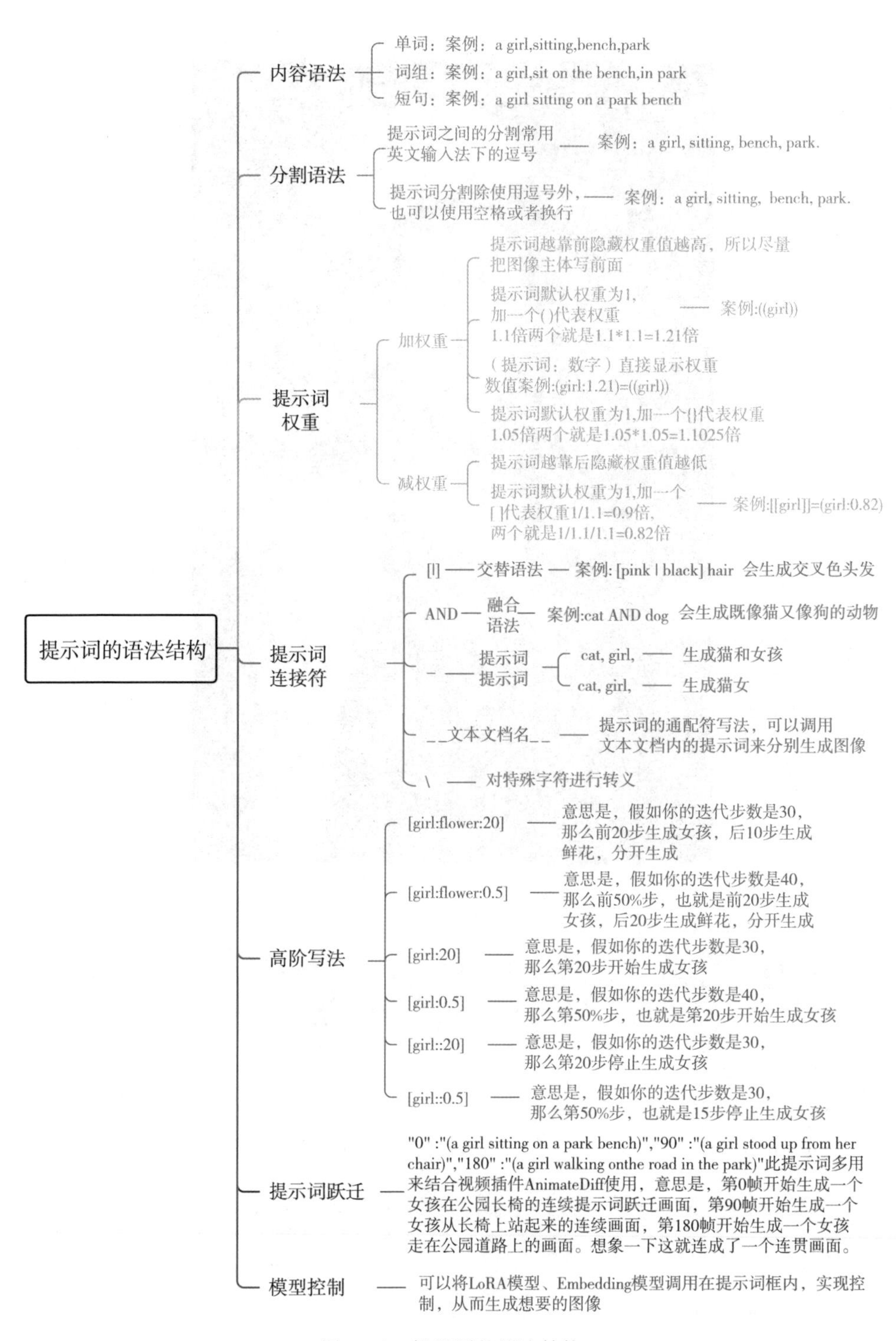

图 3－4　提示词的语法结构

3.4.1 内容语法

在书写提示词时可以按照如下方式书写“一个女孩，坐在公园的长凳上”。

单词：a girl，sitting，bench，park
词组：a girl，sit on the bench，in park
短句：a girl sitting on a park bench

可以多单词、多词组、多短句各种结合，组成最终的提示词。但是提示词不要写非常长的一个句子，因为模型会导致它不能完全读懂长句子的意思。

3.4.2 分割语法

提示词与提示词之间的分割常用英文输入法下的逗号。提示词分割除使用逗号外，也可以使用空格或者换行。这里需要注意的是，当我们在提示词框写中文提示词时，即使使用了中文输入法下的逗号，在使用插件进行翻译的时候，也会自动将中文输入法下的逗号转化为英文输入法下的逗号，如图3-5所示。

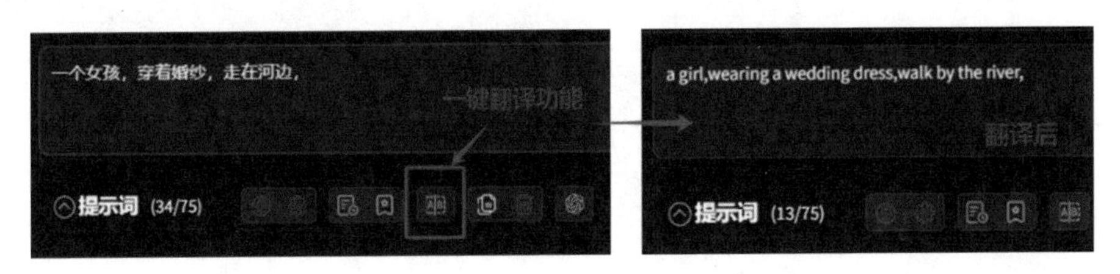

图3-5 翻译效果

3.4.3 提示词权重

Stable Diffusion 的提示词权重（Prompt Weight）指的是在生成图像时，通过调整输入文本提示词中不同部分的权重，来影响这些词在生成图像时的优先级或影响力。关于权重有一些前提，提示词的权重默认为1，即系统会平等对待提示词中每个词的影响力。注意：权重大于1代表加强权重，权重小于1代表降低权重。此外，书写顺序也会影响权重隐藏值，即写的越靠前的提示词，权重会略高。

（1）加权重：为了方便学习我们直接给出权重值。

girl：权重1
(girl)：权重1.1（注意：要用英文输入状态的“()”）
((girl))：权重1.1×1.1=1.21
(girl:1.21)：权重1.21

快捷操作：使用提示词插件快速增加权重，如图 3－6 所示。还有一个方法是将输入光标点一下需要增加权重的提示词，再按住“Ctrl＋↑”就可以增加权重。

图 3－6 增加权重

一层“()”权重是 1.1 倍，多层是乘积关系，也可以用“(girl:1.21)”方式书写，直接书写权重数值。

（2）减权重：与加权重同理。

girl：权重 1
[girl]：权重 1/1.1＝0.9
[[girl]]：权重 1/1.1/1.1＝0.826
(girl:0.826)：权重约等于[[girl]]这种写法（注意：写权重值的时候，必须使用“()”）

快捷操作：与加权重类似。

一层“[]”权重是 1/1.1，多层是除法关系，也可以用“(girl:0.9)”方式书写，直接书写权重数值。

总结：在实际应用当中，当生成的图像没有提示词所写的内容时，就需要加权重；当生成的图像有过多提示词所写的内容时，就需要减权重。

3.4.4 提示词连接符

在书写提示词时为了更加精简准确的表达生成需求，有时候需要引入一些特殊符号。下面将逐一讲解这些符号的意义。

（1）“[|]”：写法 [pink | black] hair，交替语法。这种写法会生成粉色和黑色交替的发色，如图 3－7 所示。当然也可以写入更多的颜色，这里生成的图像相较于下面讲的融合语法生成的图像会更柔和。

（2）“AND”：写法 cat AND dog，融合语法。这种写法会生成既像猫又像狗的动物，如图 3－8 所示。因为生成的图像像两个物种特征的融合，所以叫它融合语法。融合语法相较于交替语法生成的图像会更锐利，所以这种语法不建议写太多物种，一搬就写两种。

图3－7　[pink｜black] hair 效果

图3－8　cat AND dog 效果

（3）“_”：写法 cat _ girl。当我们写“cat，girl”时就生成猫和女孩，如图3－9所示；当我们写“cat _ girl”时，就生成猫女，如图3－10所示。

图3－9　cat，girl 效果

图3－10　cat _ girl 效果

在实际应用中需要仔细体会“[｜]”“AND”“_”三种写法的区别。

（4）“_ _文本文档名_ _”：写法 _ _ colorhair _ _。需要注意的是，“_ _文本文档名_ _”是由左边2个“_”加一个文本文档的名称再加2个

“_”组成的。为方便区分这里用不同颜色表示，如__文本文档名__。如图 3－11 所示，可以调用文档内容自动填入提示词框生成对应图像。其操作简单来说就是新建一个文件夹，里面写上“Red hair，Yellow hair，Green hair，Blue hair”，可以写更多，写服装类型也可以；然后在提示词书写中，使用通配符的语法方式，调用这个文本文档的内容即可。详细操作会在“常用插件篇”里讲解。

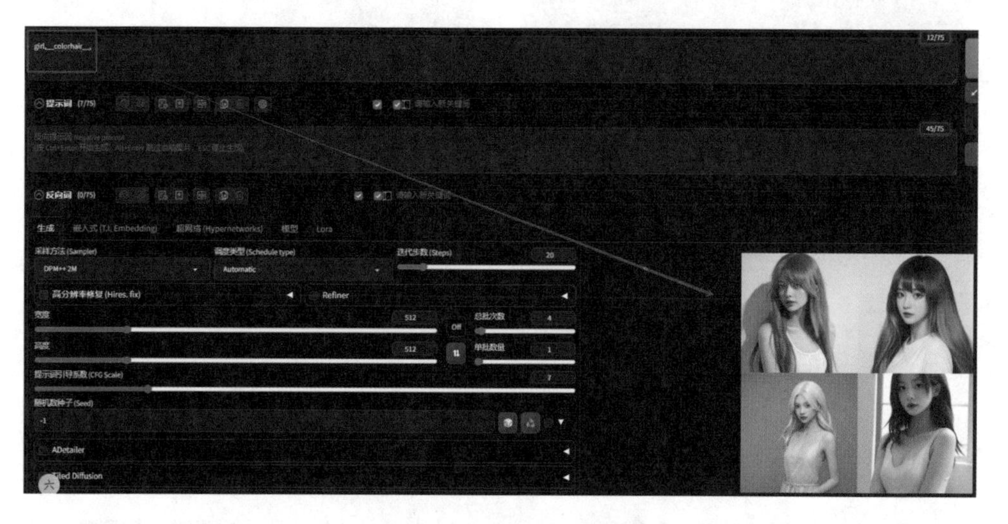

图 3－11　通配符语法效果

（5）“\”：在提示词中，反斜杠 \ 的作用是对特殊字符进行转义。在 Stable Diffusion 等生成式 AI 模型的提示词中，有一些字符可能被系统识别为具有特殊功能，比如括号()通常用于增加提示词的权重，如果你希望这些符号只是被视为普通字符，而不是其默认的特殊功能，就需要用反斜杠 \ 来转义，这个日常使用基本不会用，但是会见到，这里知道有这种写法即可。

例如，\(ABC/cat\)的写法可能是为了确保 ABC/cat 被模型识别为普通的文本，而不是被括号或斜杠的其他特殊功能所影响。

3.4.5　高阶写法

高阶写法主要是为了控制迭代到多少步，转换成特定提示词再继续生成的功能。因为较少用到，所以了解即可。迭代步数在下一章会详细讲到，这里理解成图像的生成步数。

（1）[girl:flower:20]：意思是，假如你的迭代步数是 30，那么前 20 步生成女孩，后 10 步生成鲜花，分开生成。

（2）[girl:flower:0.5]：意思是，假如你的迭代步数是 40，那么前 50%步，也就是前 20 步生成女孩，后 20 步生成鲜花，分开生成。

(3) [girl:20]：意思是，假如你的迭代步数是 30，那么第 20 步开始生成女孩。

(4) [girl:0.5]：意思是，假如你的迭代步数是 40，那么第 50%步，也就是第 20 步开始生成女孩。

(5) [girl::20]：意思是，假如你的迭代步数是 30，那么第 20 步停止生成女孩。

(6) [girl::0.5]：意思是，假如你的迭代步数是 30，那么第 50%步，也就是第 15 步停止生成女孩。

3.4.6　提示词跃迁

先看以下提示词写法：

```
"0"："（a girl sitting on a park bench)"
"90"："（a girl stood up from her chair)"
"180"："（a girl walking on the road in the park)"
```

此提示词多用来结合视频插件 AnimateDiff 使用，实现文生视频的功能。我们知道视频也都是可以拆分成帧的。这段提示词的意思是，第 0 帧开始生成一个女孩在公园长椅的连续提示词跃迁画面，第 90 帧开始生成一个女孩从长椅上站起来的连续画面，第 180 帧开始生成一个女孩走在公园道路上的画面。想象一下这就连成了一个连贯画面，也就成了视频。最终可以输出为 MP4 或者 GIF 动画。

3.4.7　模型控制

模型控制功能将在“模型篇”里详细讲到。可以将 LoRA 模型、Embedding 模型调用在提示词框内，实现控制，从而生成想要的图像。

3.5　提示词的翻译插件

若程序内置了中文翻译的插件，如 sd - webui - prompt - all - in - one，则只需在提示词框中输入中文，再点击如图 3 - 12 所示的黄色图标即可翻译为英文。目前 AI 模型对于英文的识别相对准确一些。在上文中也讲到，此插件也可以调整提示词的权重。

常用插件功能：如图 3 - 13 所示，点击提示词左边图标，可以看到翻译过来

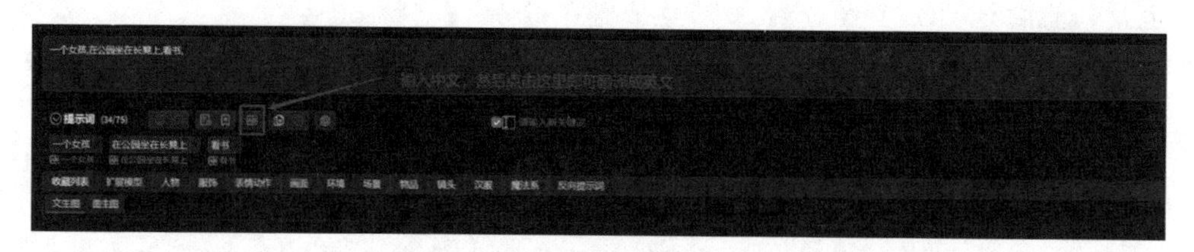

图 3 - 12　提示词翻译

的提示词中英对照，也可以看到增加了提示词联想功能。选择镜头时，下面会提示各种镜头联想，直接点击镜头，即可自动将对应镜头填入提示词框中。

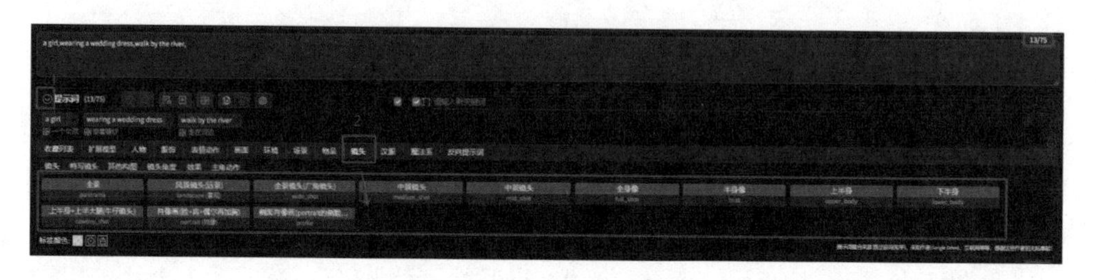

图 3 - 13　提示词插件功能

第4章

基础参数及图像生成篇

【学习目标】

1. 掌握基础参数版块所有功能知识；
2. 掌握图像生成版块所有功能知识。

【技能目标】

1. 能够说清楚 Stable Diffusion 基础参数功能；
2. 能够说清楚 Stable Diffusion 图像生成版块各个小工具的功能；
3. 能够熟练调节 Stable Diffusion 各个基础参数以优化生成的图像效果。

【素质目标】

1. 通过稳扎稳打的学习基础参数，培养深度学习、专业性学习的学习态度；
2. 注重实操的学习内容，培养探索求知的求学态度。

【知识串联】

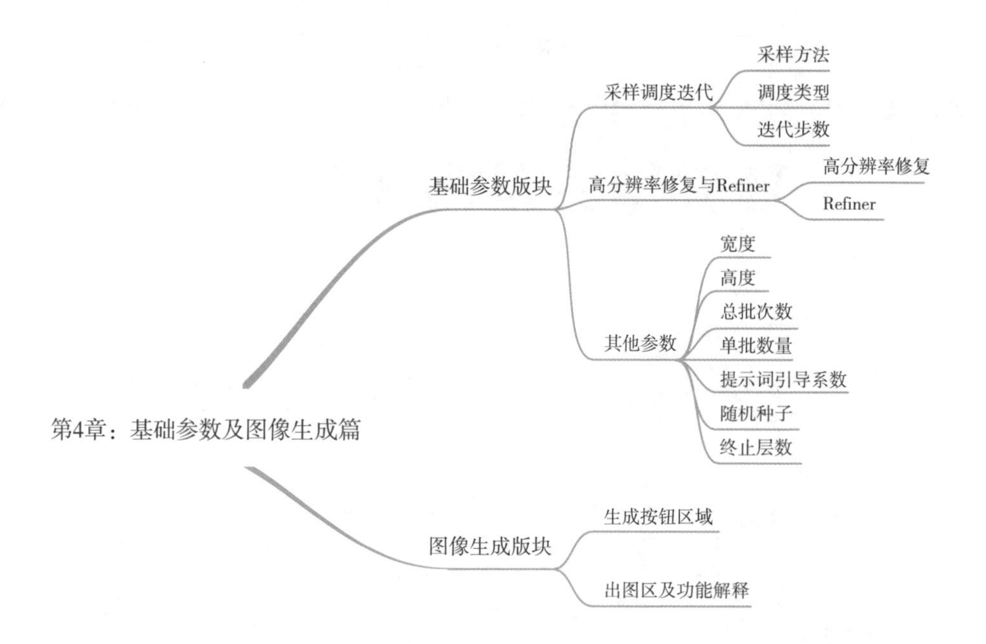
第4章：基础参数及图像生成篇
基础参数版块
采样调度迭代
采样方法
调度类型
迭代步数
高分辨率修复与Refiner
高分辨率修复
Refiner
其他参数
宽度
高度
总批次数
单批数量
提示词引导系数
随机种子
终止层数
图像生成版块
生成按钮区域
出图区及功能解释

云课堂

4.1　基础参数版块

本节将学习基础参数版块，主要包括采样方法、调度类型、迭代步数等。它们在图像生成过程中扮演着至关重要的角色。我们将逐一解析这些参数的功能和影响，以及如何通过它们来提升图像的分辨率和质量。基础参数版块如图 4－1 所示。

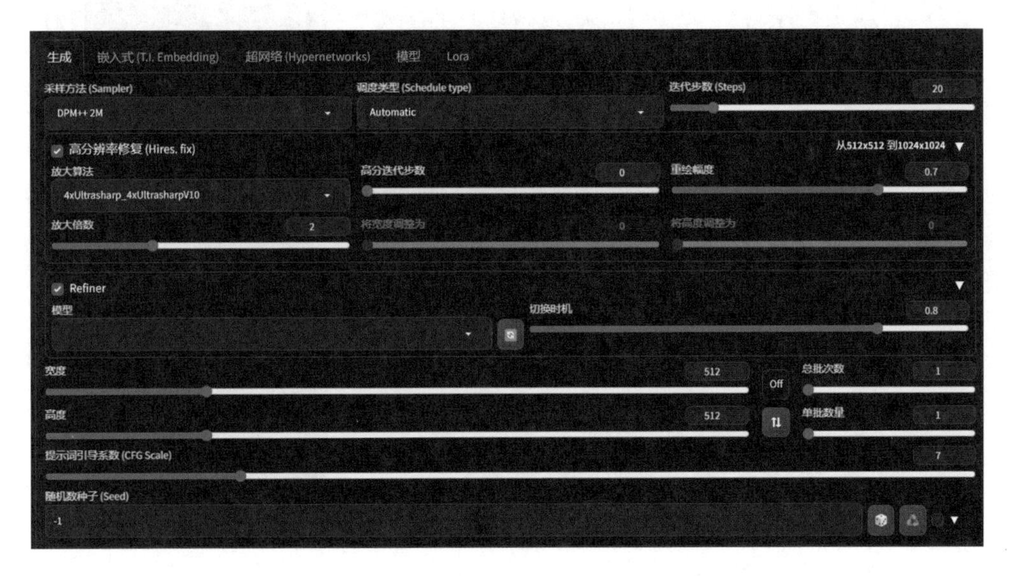

图 4－1　基础参数版块

4.1.1　采样调度迭代

首先我们学习的是采样方法（Sampler）、调度类型（Scheduler type）和迭代步数（Steps）。这三者有何关系呢？回顾之前学习的“模型篇”图像生成过程中有如图 4－2 所示一个潜空间版块。在获取了提示词向量信息和噪点图之后，就会在潜空间生成图像。这个潜空间就包含了采样方法、调度类型和迭代步数。

图 4－2　潜空间

4.1.1.1　采样方法

采样方法是 Stable Diffusion 中用于从模型概率分布中选择像素值的算法。Stable Diffusion 中包含了 30 种不同的采样器。这些采样器可以分为经典采样器、

DPM 采样器和新增采样器三类。每种采样器有其特定的算法和优化方法。例如，Karras 优化算法、二阶多步算法（2M）和随机微分方程（SDE）。采样器的选择会影响图像生成的速度和质量。例如，Euler a、DPM＋＋、DDIM 和 Restart 等采样器在图像生成的效果和速度上各不相同。因此，在实际应用中，用户需要根据所需的出图效果和电脑配置来选择合适的采样器。

如果你有新的采样器，安装文件目标为 modules，那么有哪些采样方法呢？采样器又该如何选择呢？采样方法如图 4－3 所示。

（1）Euler、Euler a：很早就有的采样器，是常用的经典采样器，主打的就是一个稳定，Euler a 也很有创意。

（2）DPM＋＋系列：针对扩散模型设计的新型采样算法，在生成耗时、重现性和图片质量方面表现较好。

（3）DPM adaptive：最稳定的采样器，不受迭代步数影响，最终都会输出一张质量较高的图像。

（4）LCM：可以用来配合 LCM－LoRA 加速生成图像，允许 4 步出图，但质量会有所降低。

总之，推荐 Euler 系列和 DPM＋＋系列，算法后接二阶多步算法（2M）和随机微分方程（SDE）后整体影响差异很小。

图 4－3　采样方法

4.1.1.2　调度类型

调度类型决定了在生成图像的每一步中减少多少噪声，因此其影响采样过程的速度和最终图像的清晰度。调度器和采样器在某些情况下可以交替使用，因为它们都涉及噪声的控制。调度类型如图 4－4 所示。

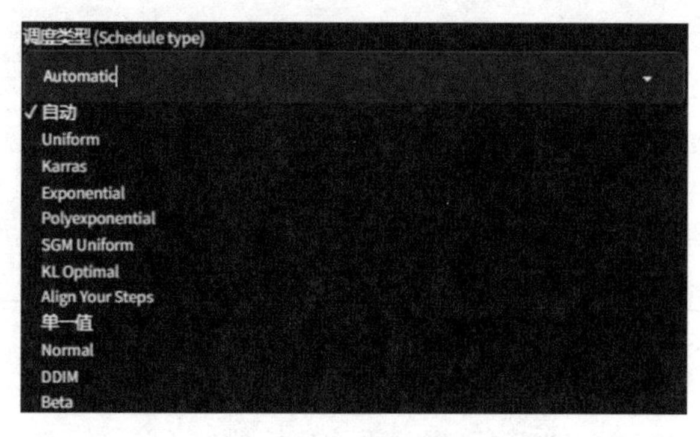

图 4－4　调度类型

在 Stable Diffusion 中，常见的调度器包括 PNDM scheduler（默认）、Karras、DDIM scheduler 和 K－LMS scheduler。调度器的选择也会影响图像生成的质量和速度，因此在实际应用中需要根据具体情况进行选择。

采样器与调度器的分离：在 Stable Diffusion 的最新版本中，采样器和调度器被分离出来，这使得用户可以更灵活地选择和配置这两个组件。这种分离有助于提高图像生成的效率和质量，因为用户可以根据具体需求独立调整采样器和调度器。

4.1.1.3　迭代步数

迭代步数也是去噪步数，是指在图像生成过程中，从初始的噪声图像逐步去噪，直到生成最终图像所需的步骤数。这个参数对生成图像的质量有显著的影响。

迭代步数通常建议设置为 18～30 步。较低的步数可能会导致图像计算不完整，而较高的步数虽然可以优化细节，但收益有限，且会增加生成时间。默认情况下，Stable Diffusion 通常使用 25 个步骤来生成图像。

此外，不同采样方法对迭代步数的要求也不同。例如，Euler A 和 DPM A 等非线性采样方法在超过一定步数后，图像质量可能会下降。因此，选择合适的迭代步数需要根据具体的采样方法和生成需求来调整。

总的来说，迭代步数是 Stable Diffusion 中一个关键参数，它直接影响生成图像的质量和生成时间。合理设置迭代步数可以在保证图像质量的同时，避免不必要的计算资源浪费，

图 4－5 展示了不同迭代步数下的图像表现。从图中可以看出，20 步左右图像就基本完成了，并不需要过高的步数。

图 4－5　不同迭代步数下的图像表现

4.1.2　高分辨率修复与 Refiner

本小节主要学习的是高分辨率修复（Hires. fix）和 Refiner。从实践应用方面来说，高分辨率修复就是可以让平时生成的图像变得更高清，图像质量更高，而 Refiner 可以同时调用 2 个主模型来生成图像。

4.1.2.1　高分辨率修复

在 Stable Diffusion 中，高分辨率修复是一种用于提升图像分辨率和细节的

技术。启用这一功能，可以在生成高分辨率图像时避免图像变得混沌，从而保持图像的清晰度和细节。

高分辨率修复的本质是“图生图”，即首先生成一张低分辨率的图像，然后根据这张图像生成一张高分辨率的图像。这种方法的优点是可以使用相同的模型和提示生成新的放大细节，同时消除 AI Image Upscaler 引入的伪影。然而，这种方法的缺点是无法突破显存的限制，生成的图像分辨率仍然受限于显卡的性能。

实际应用：有时候生成的图像，面部崩坏、画质崩坏可以使用这个功能进行修复。在日常使用中会经常用到这个功能，但是由于算力和速度限制，通常会先抽卡（固定参数，生成多张图像的行为），抽到满意的图像，再固定随机种子（Seed），这时候再打开高分辨修复，对这张图像进行高清化，最终就获取到了想要的图。

图 4 - 6 和图 4 - 7 分别是高分辨率修复前后图像的效果对比。

图 4 - 6　高分辨率修复前

图 4 - 7　高分辨率修复后

要掌握这个功能，首先需要了解高分辨率修复的参数，如图 4 - 8 所示。

图 4 - 8　高分辨率修复参数界面

（1）“高分辨率修复（Hires. fix）”：勾选左边的方框，即启用了这项功能。

（2）“放大算法”：通常用于图像增强，其通过放大低分辨率图像并修复细节来获得更高质量的图像，常用放大算法解释。如果你有新的放大算法，那么安装目标路径为 models\ESRGAN。

① 4xUltrasharp _ 4xUltrasharpV10：最通用、最全能的放大算法。

② R－ESRGAN 4x+：常用于三次元图像的放大算法。

③ R－ESRGAN 4x+ Anime6B：特别适合优化二次元图像，其能够较好地保留动漫风格的特点。

④ Lanczos：一种更加复杂的插值算法，使用 sinc 函数来进行加权平均，能够在图像放大时保持较好的锐度和边缘效果，使边缘清晰，因此其适合需要保留细节的场景。

⑤ Latent 系列：早期的放大算法，有时候在生成二次元图像时表现会很好。

（3）“高分迭代步数”：在使用高清修复功能时，图片生成过程中需要进行的计算步数。建议设置为 0，即直接使用原有出图的采样步数。10 或者 15 也是高分迭代步数比较常见的数值。

（4）“重绘幅度”：在使用高清修复功能时，新图像与原图的相似程度。重绘幅度的数值越小，新图像与原图越相似；重绘幅度的数值越大，新图像与原图的差异越大。

（5）“放大倍数”：在原图基础上，放大的倍数。图 4－8 中右上角的 512×512 到 1024×1024 就是指对原图尺寸放大 2 倍后的效果。最终生成尺寸会定格在 1024×1024。

（6）“将宽度调整为”和“将高度调整为”：可以直接手动设置放大后图像的尺寸。若手动设置宽度和高度，则放大倍数功能将自动失效。

4.1.2.2　Refiner

在 Stable Diffusion 中，Refiner 用于在 SDXL Base 模型生成初始图像后，对生成的初始图像进行进一步细化和去噪处理。后来这个功能作为一项附加功能做进了 Web UI 内。它通过引入额外的模型对初始生成的图像进行进一步去噪，优化图像的细节，从而改善图像的整体质量。

在日常使用中，只可以调用一个主模型去生成图像，但是 Refiner 可以同时调用两个主模型。图 4－9 为使用单写实模型生成的效果，图 4－10 为使用写实模型加动漫模型生成的效果。

Refiner 需要勾选才能生效，启用后选择与主模型搭配的另外一个主模型，并选择切换时机即可。需要注意的是，要保持模型算法一致，否则出图会变丑，而且变成蓝色。

图 4-9 使用单写实模型生成的效果

图 4-10 使用写实模型加动漫模型生成的效果

4.1.3 其他参数

其他参数如图 4-11 所示。

图 4-11 其他参数

（1）“宽度”：生成图像的宽度，单位通常是像素。宽度是影响图像分辨率的关键因素。

（2）“高度”：生成图像的高度，单位通常是像素。图像的高度与宽度共同决定了图像的分辨率和显示效果。

（3）“总批次数”：在训练或生成过程中，数据被分成多少批次处理。这里通常设置成需要生成图像的数量。

（4）“单批数量”：每个批次包含的数据量。受配置影响，这里都会设置成“1”。

（5）“提示词引导系数（CFG Scale）”：决定在生成图像时是否严格按照提示词的要求。其数值越小，自由发挥空间越大，但数值过大或过小都可能导致图片变形。一般建议设置为 7～10。

(6)“随机数种子（Seed)”：图片生成算法的初始状态基础。指定一个随机数种子可以确保在相同提示词和参数下生成相同的图片。当随机数种子设置为－1时，每次生成都会使用随机数种子值增加图片的多样性。可以通过点击筛子图标将随机数种子重置为－1，或点击绿色循环标志调用上一张生成图片的随机数种子。

可以理解为，固定了随机数种子就固定了初始噪声图，在其他参数不变的情况下，每次生成的图像都是一样的；不固定随机数种子就换了初始噪声图，即使在其他参数都不变的情况下，也会生成完全不一样的图像。这就是为什么要先抽卡，然后固定随机数种子，再打开高分辨率修复功能。如果不固定这个随机数种子，那么高清修复后将是一张全新的图像。如图 4－12 所示，在所有参数一致的情况下，第一个和最后一个女孩完全一样是因为他们的 Seed 一致，中间的女孩与其他两个完全不同，是因为其 Seed 与其他两个不同。

图 4－12　不同随机种子最终输出图像

变异随机种子：如图 4－13 所示，当勾选绿色循环按钮后面的框时就会显示变异随机种子界面。那么什么时候我们会用到这个功能呢？

图 4－13　变异随机种子界面

例如，已经生成了一张比较满意的图，固定常规的随机数种子“859848519”之后发现，每次生成都是一个样子，但现在有了新的需求，需要生成的图像有一点点变化，该怎么办呢？这里有两个办法：一个是做高分辨率修复时将重绘幅度提升到 0.6 左右；另外一个办法就是使用变异随机种子功能。当修改“变异强度”的值时，生成的图像就会有细微的变化。图 4－14 中展示了不同变异强度值对应的生成图像。我们多做比对即可看出变异强度值的变化对生成图像的影响。

图 4－14　不同变异强度值对应生成的图像

（7）终止层数（CLIP）：控制在使用高清修复功能时跳过多少层的处理，通常设置为 2。这个参数可以在 Stable Diffusion 操作界面最顶上中间位置找到。调大终止层数的数值会让 CLIP 更早结束文本嵌入，从而削弱图片提示词提示的指挥力度，这就相当于降低了提示词相关性 CFG 值。虽然通常可以保持默认设置“1”，但在某些模型训练时可能会调整终止层数对层的影响深度，因此在使用时也需要相应调整。终止层数如图 4－15 所示。

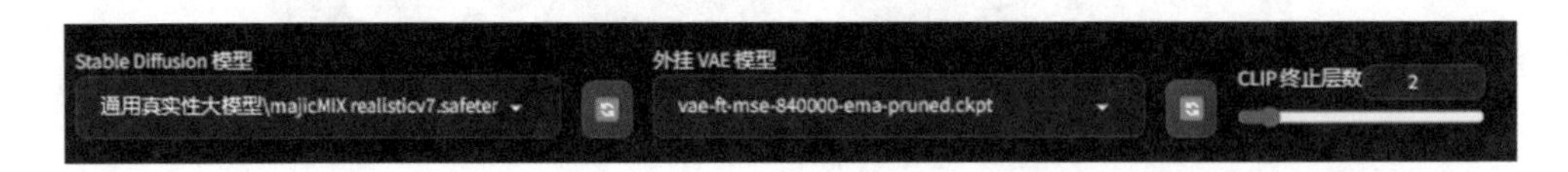

图 4－15　终止层数

4.2　图像生成版块

图像生成版块集成了一些有关提示词的快捷方式和图像生成之后后续处理的快捷方式。接下来将一一讲解它们的功能区别。

4.2.1　生成按钮区域

生成模块如图 4－16 所示。图上的这些按钮是图像生成过程中的关键操作，

图 4－16　生成模块

它们允许用户快速访问和执行最常见的任务。每个按钮都代表着一个特定的功能，从调整参数到触发生成过程，都是为了让用户的创作体验更加流畅。这里按照四行的规则分别逐行解释其功能。

（1）第一行的“生成”按钮功能：点击这个按钮即等待生成图像。

（2）第二行的小图标解释：如图4-17所示。

图4-17　小图标

① 第一个小图标：假如拥有如下Stable Diffusion图像的生成参数。

girl, masterpiece, best quality,

Negative prompt: nsfw, lowres, bad anatomy, bad hands, text, error, missing fingers, extra digit, fewer digits, cropped, worst quality, low quality, normal quality, jpeg artifacts, signature, watermark, username, blurry

Steps: 20, Sampler: DPM++ 2M SDE, Schedule type: Karras, CFG scale: 7, Seed: 4158515288, Size: 512x512, Model hash: 7c819b6d13, Model: majicMIX realisticv7, Denoising strength: 0.6, CLIP skip: 2, Hires upscale: 2, Hires upscaler: 4xUltrasharp _ 4xUltrasharpV10, Version: v1.9.3

注意：以上生成参数包含了很多信息，如正向提示词、反向提示词、迭代步数、采样方法、调度类型、提示词相关性、随机数种子、分辨率、主模型哈希值和模型、使用了高分辨率修复功能、重绘幅度0.6、跳过层2、放大倍数2、放大算法和Stable Diffusion的内核版本。

我们只需将上面的所有英文内容粘贴到正向提示词框中，再点击第一个小图标即可将所有生成参数填到对应的位置。

② 第二个小图标：如图4-18所示，点击第二个小图标会出来一个大框，将上面的所有英文内容粘贴到这个框中，再点击“Submit”就可以实现将参数自动同步到各个位置。

③ 第三个小图标：垃圾桶的图标，用于直接删除正向提示词内容和反向提示词内容。

④ 第四个小图标：这是一个需要配合第三行小框功能使用的按钮。

（3）第三行小框功能：保存与删除预设提示词都可以点击最右边红色画笔进行设置。如图4-19所示，先选择“基础起手式”，再点击第二行的第四个按钮，这样提示词框就显示了之前给基础起手式设定的提示词，这里我们就叫它预设提示词功能。当有好的提示词需要保存时就可以使用此功能。点击第三行最右边的红色画笔按钮，会出现如图 4 - 20 所示的提示词预设框，在这里可以进行保存与删除预设的操作。

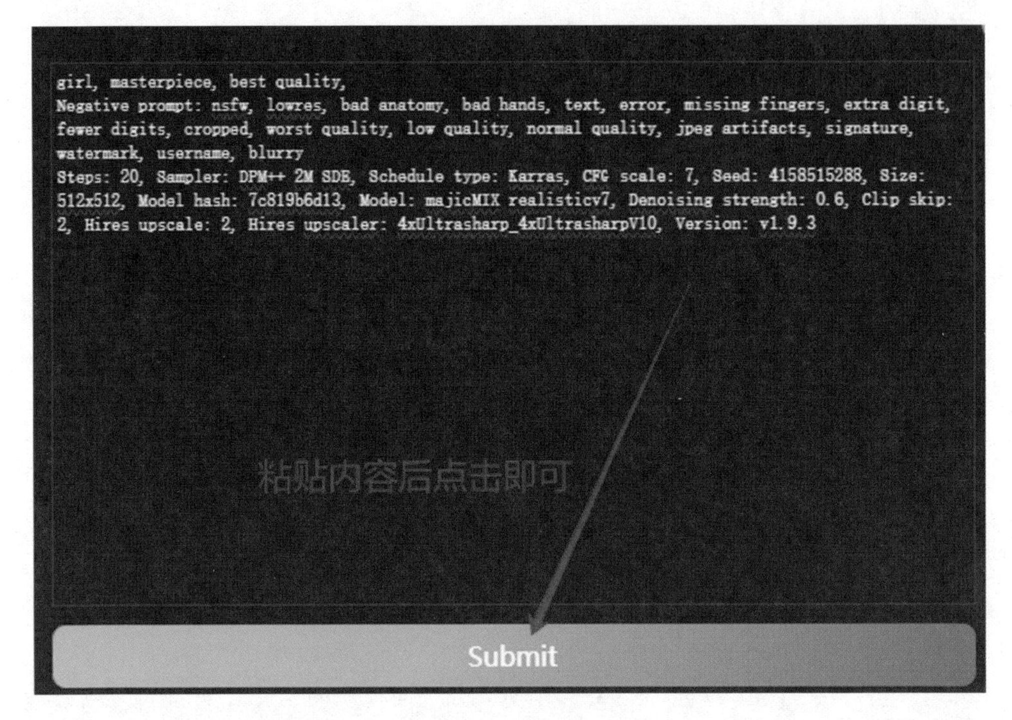

图 4 - 18　参数填写框

图 4 - 19　预览预设提示词

（4）第四行提示词：这是一个需要额外安装的提示词插件，名称为“sd - webui - easy - prompt - selector - zh _ CN”。如图 4 - 21 所示，点击提示词再选择分类中的“1 -人物 _ 服装 _ 汉服”即可预览很多服饰，选择对应服饰，相关提示词会自动填入提示词框中。这一按钮的设计是为了方便日常使用，解决联想画面构成时词穷的问题。

图 4 - 20　预设提示词的设定

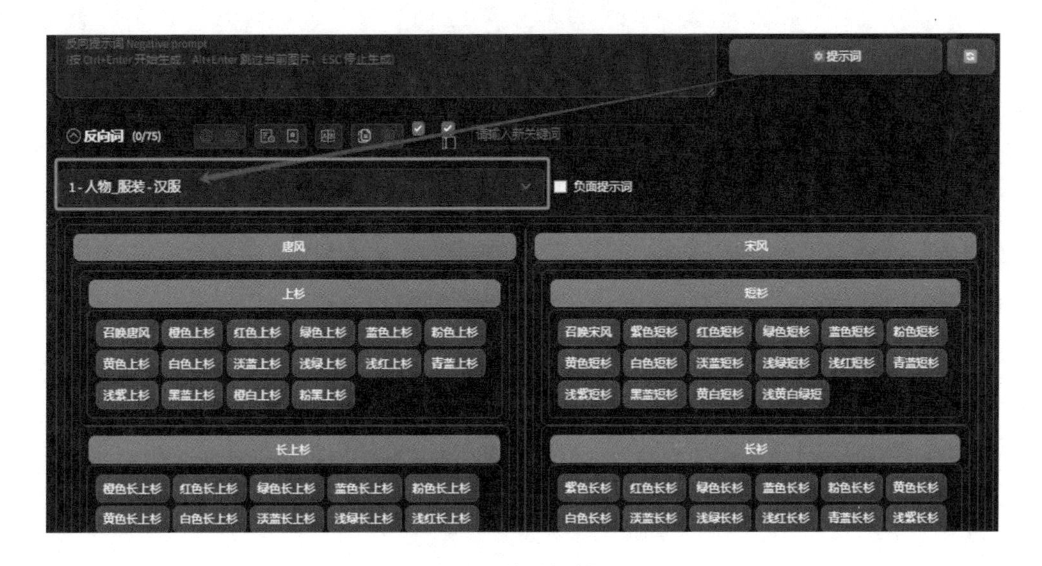

图 4 - 21　提示词辅助插件 easy prompt

4.2.2　出图区及功能解释

出图区是指图像生成后展示的地方。需要注意的是，图像下方会有八个快捷工具，接下来将依次解释其功能。出图区如图 4 - 22 所示。

（1）■：生成图像后保存的位置，点击即可打开图像所在文件夹。

图 4-22　出图区

（2）■：直接下载此图像，下载地址为浏览器设置的默认下载地址。

（3）■：将此生成的图像保存为压缩文件，然后下载同上。

（4）■：发送图像和生成参数到图生图选项卡，继续使用图生图功能。

（5）■：发送图像和生成参数到图生图局部重绘选项卡，继续使用蒙版重绘功能。

（6）■：发送图像和生成参数到后期处理选项卡，继续使用后期处理功能。

（7）■：使用高分辨率修复当前默认设置，对此图放大处理。

（8）■：发送到 Photopea，这是一个在 Stable Diffusion 内以插件形式运行的 Photoshop。

第 5 章

插件与脚本篇

【学习目标】

1. 学习 Stable Diffusion 的插件；
2. 学习 Stable Diffusion 的脚本。

【技能目标】

1. 能够讲清楚 Stable Diffusion 的插件和脚本是什么；
2. 能够熟练安装和卸载 Stable Diffusion 的插件；
3. 能够熟练使用 Stable Diffusion 的常用脚本。

【素质目标】

1. 学习脚本和插件可以锻炼发现问题后寻找答案的能力；
2. 学习脚本和插件可以锻炼有代码基础的读者改写脚本的能力，赋予程序更便捷的功能。

【知识串联】

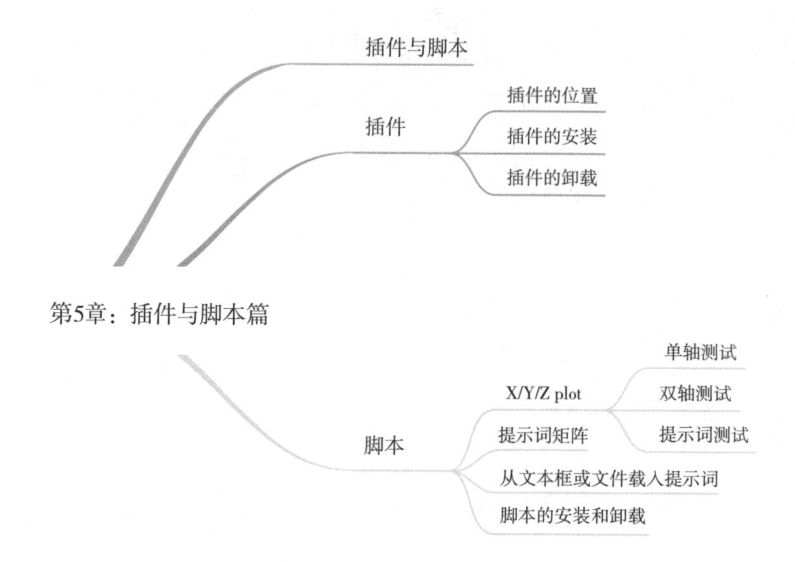
插件与脚本
插件
插件的位置
插件的安装
插件的卸载
第5章：插件与脚本篇
单轴测试
X/Y/Z plot
双轴测试
脚本
提示词矩阵
提示词测试
从文本框或文件载入提示词
脚本的安装和卸载

云课堂

5.1　插件与脚本

在 Stable Diffusion 中，插件（Plugins）和脚本（Scripts）是用于扩展或增强其功能的两种方式。它们虽然都可以帮助用户更好地使用 Stable Diffusion，但在实现和用途上有所不同。

5.2　插件

在 Stable Diffusion 中，插件又叫作扩展，是一种用于增加 Stable Diffusion 功能的独立模块，通常被设计为易于安装和使用。插件通过添加新的功能、改进界面，或者与其他应用和平台的集成来增强基础模型的能力。插件通常是通过简单地点击安装集成到 Stable Diffusion 的用户界面中的。插件须知如下。

（1）实现 Stable Diffusion 功能的扩展，Stable Diffusion 和插件的关系相当于手机系统与 App 的关系。

（2）大部分插件可自由卸载和安装。

（3）有的插件需要模型和运行环境才能安装和运行，难装的需找专业人员安装。

（4）插件偶尔会与其他插件或 Stable Diffusion 内核版本冲突导致无法使用，这时需卸载或者启动时禁用有冲突的插件。

以上对插件的归纳总结需要在实践中理解体会，下面将详细讲解插件的各项属性。

5.2.1　插件的位置

如图 5－1 所示，插件可以在多个位置。这里展示的 3 个红色框选区域都是插件。其中，绿色框选区域就是我们最常用的插件下载位置，也就相当于软件商城的 App 下载列表。

5.2.2　插件的安装

点击“扩展”即可查看如图 5－2 所示界面。

在这个界面中需要了解以下功能。

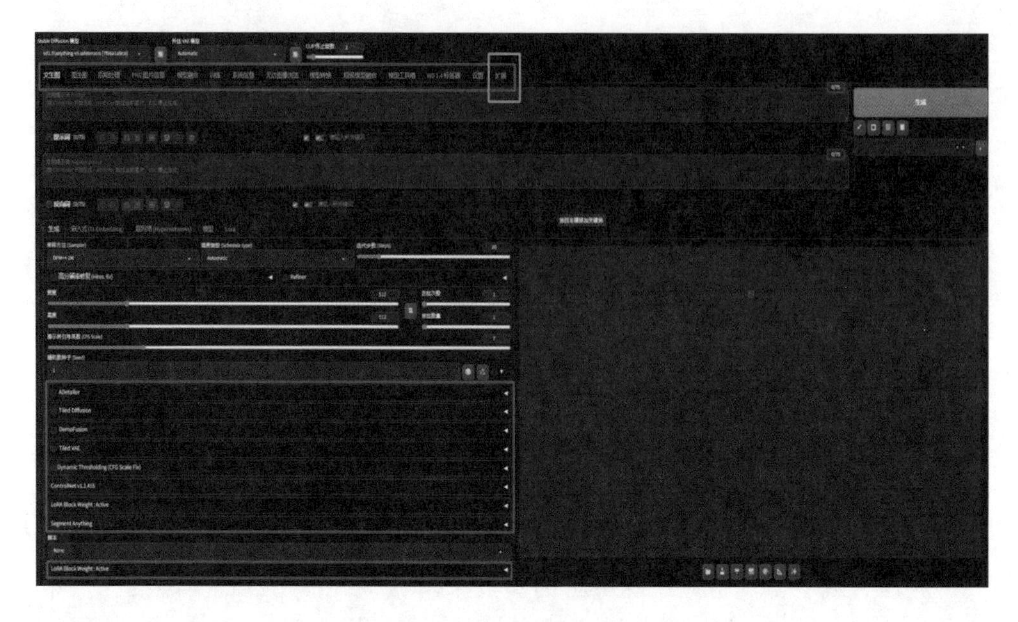

图 5－1　插件的位置

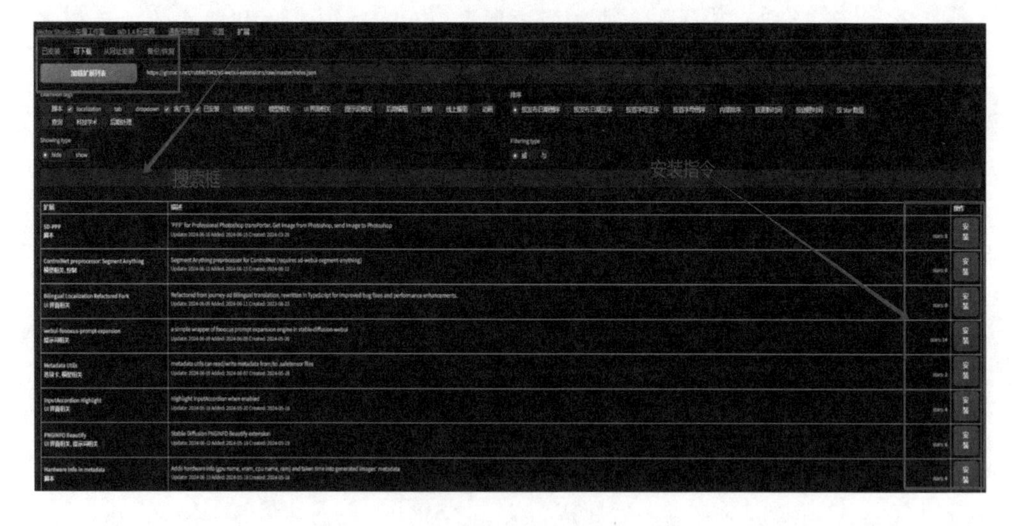

图 5－2　插件安装界面

（1）“已安装”：点击后会展示已经安装的插件列表。

（2）“可下载”：点击后再点击“加载拓展列表”，即可显示可以安装的扩展。这里展示了几百种可供安装的插件。右侧有一列“安装”按钮，点击即可直接安装插件。需要注意的是，有些插件的运行还需要额外安装插件运行环境和插件专属模型。所以在这里直接一键安装，成功率只有50%，难装的插件还需要专业人员安装，或者封装软件的时候提前装好插件运行所需环境和模型。安装插件后需要重启 Stable Diffusion，才可使用插件。

（3）“从网址安装”：这是第二个安装方法，也是最专业的安装方式，如图5－3所示。在开源社区“GitHub”界面，先搜索插件的名称，然后在这个界面点击“Code”，再点击复制链接。将链接粘贴到图5－4所示位置，点击“安装”，然后再重启 Stable Diffusion，即可使用插件。

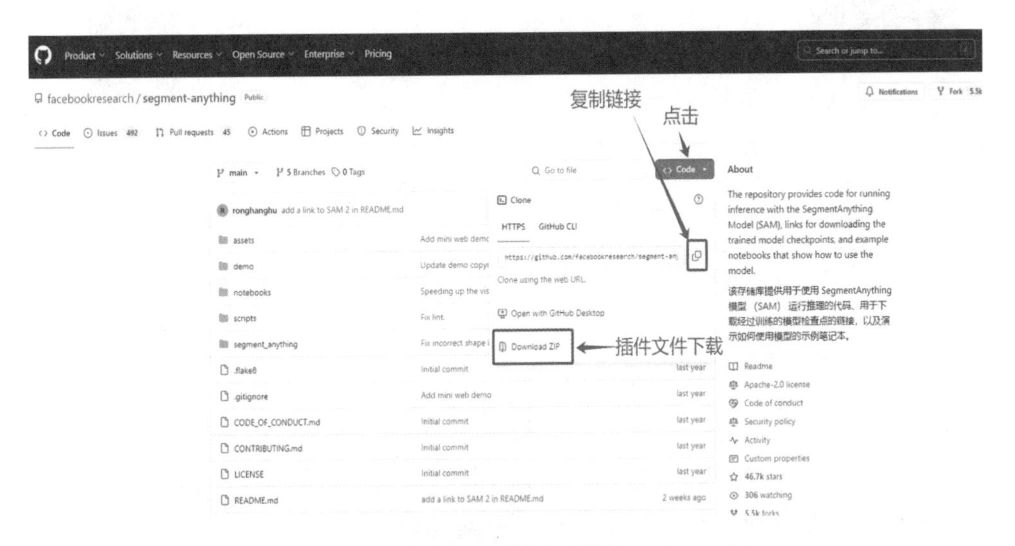

图5－3　开源社区插件

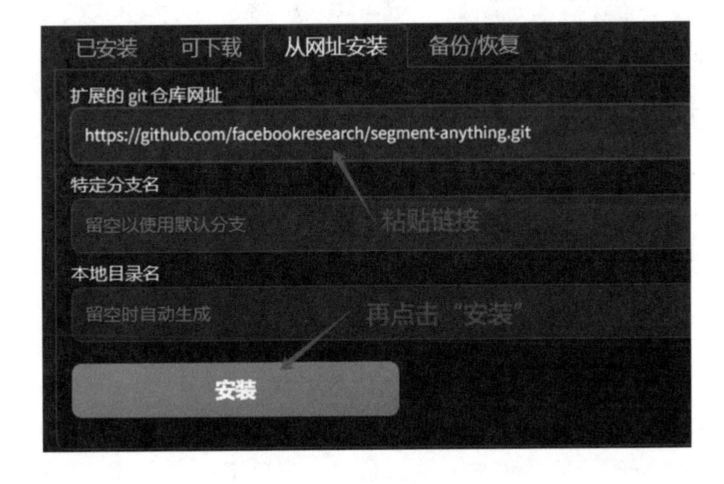

图5－4　插件安装

如果你能完成以上步骤，说明你已经会安装一半的插件了。之所以说这个安装方式更专业，是因为在“GitHub”界面，不仅可以获取插件安装链接，而且能够查看插件的工作原理和功能（见图 5 - 5），以及插件环境及模型的安装教程，如图 5 - 6 所示。

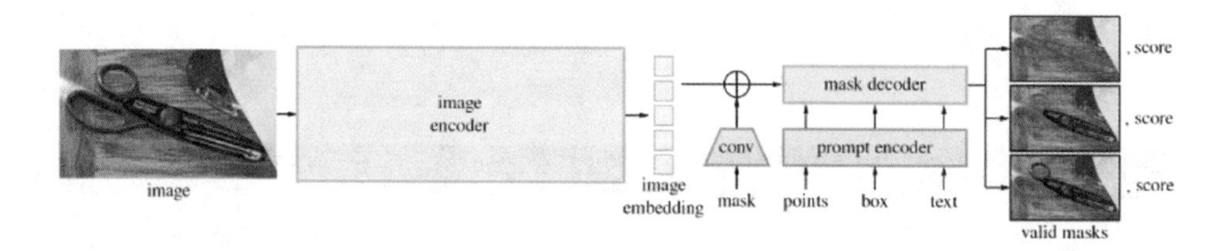

The **Segment Anything Model (SAM)** produces high quality object masks from input prompts such as points or boxes, and it can be used to generate masks for all objects in an image. It has been trained on a dataset of 11 million images and 1.1 billion masks, and has strong zero-shot performance on a variety of segmentation tasks.

Segment Anything Model （SAM） 从输入提示（如点或框）生成高质量的对象掩码，并且可用于为图像中的所有对象生成掩码。它已在 1100 万张图像和 11 亿个蒙版的数据集上进行了训练，在各种分割任务上具有强大的零镜头性能。

图 5 - 5　插件的工作原理和功能

（4）插件的安装：这里将介绍插件的第三种安装方式，如果按照之前的安装流程，那么会将插件安装在插件文件存储目录下的“extensions”文件夹里，如图 5 - 7 所示。如果有这个插件的文件，也可以直接将插件文件放置到这个文件夹里，然后重启 Stable Diffusion，即可使用插件。

插件安装总结：插件正常安装的流程都是先用最简单的方式安装，装不好再去按照插件作者写的安装教程去安装。最后一定要记得重启 Stable Diffusion，这样新装的插件才能显示。

Installation 安装

The code requires `python>=3.8` , as well as `pytorch>=1.7` and `torchvision>=0.8` . Please follow the instructions here to install both PyTorch and TorchVision dependencies. Installing both PyTorch and TorchVision with CUDA support is strongly recommended.

该代码需要 `python>=3.8` ，以及 `pytorch>=1.7` 和 `torchvision>=0.8` 。请按照此处的说明安装 PyTorch 和 TorchVision 依赖项。强烈建议安装支持 CUDA 的 PyTorch 和 TorchVision。

Install Segment Anything:

Install Segment Anything（安装分段任何内容）：

```
pip install git+https://github.com/facebookresearch/segment-anything.git
```

or clone the repository locally and install with

或者在本地克隆存储库并使用

```
git clone git@github.com:facebookresearch/segment-anything.git
cd segment-anything; pip install -e .
```

The following optional dependencies are necessary for mask post-processing, saving masks in COCO format, the example notebooks, and exporting the model in ONNX format. `jupyter` is also required to run the example notebooks.

以下可选依赖项对于掩码后处理、以 COCO 格式保存掩码、示例笔记本以及以 ONNX 格式导出模型是必需的。运行示例笔记本还需要 `Jupyter` 。

```
pip install opencv-python pycocotools matplotlib onnxruntime onnx
```

图 5－6　插件环境及模型的安装教程

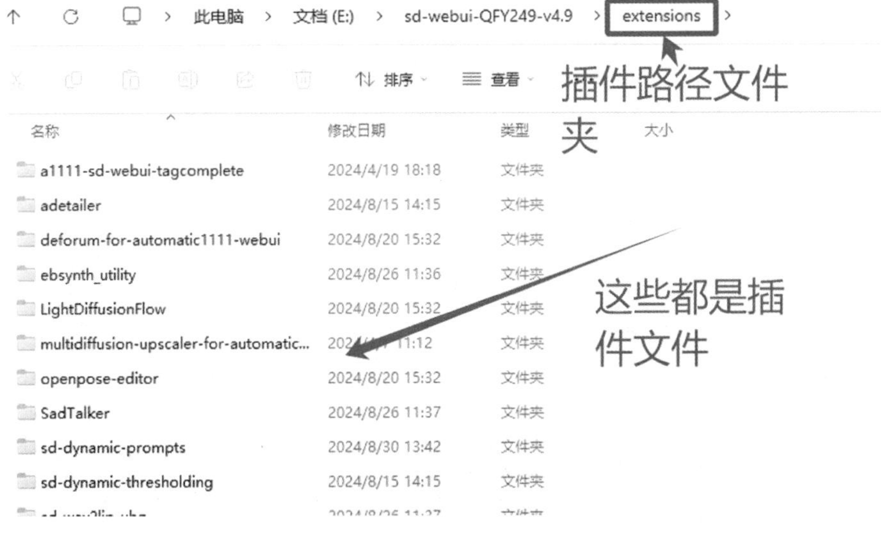

图 5－7　插件文件存储目录

5.2.3　插件的卸载

（1）可以直接到上文所述的“extensions”文件夹里，找到插件文件删除即可，如果有模型的话也需要找出一并删除。

（2）可以借助启动器工具。在图 5－8 所示的启动器管理插件界面，点击左侧第四个按钮版本管理，然后选择“扩展”，在这个页面，可以对插件进行管理，可管理的功能有启用、更新、版本切换和卸载。需要注意的是，只要正常运行的插件，一般不用升级版本，升级版本可能会引起版本冲突问题，导致插件无法使用。另外一个问题，如果 Stable Diffusion 启动的非常慢，那么可以在这里选择不启用那么多插件，取消掉一些插件的勾选即可。

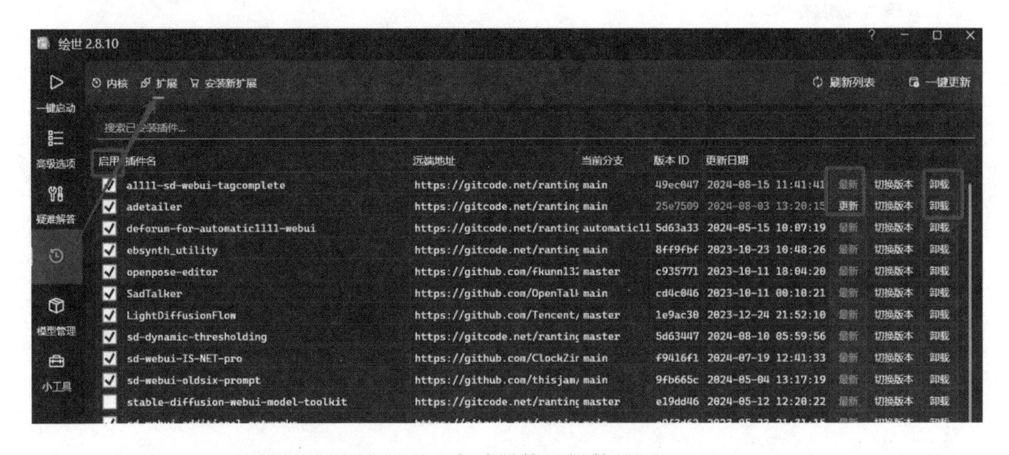

图 5－8　启动器管理插件界面

总结：插件有其独立的功能，也可以组合使用，在后续的章节中，我们会学到常用插件的具体功能与操作。

5.3　脚本

Stable Diffusion 的脚本功能主要涉及生成图片的逻辑，不涉及生成算法，类似于 Python 语言的装饰器的用途。脚本可以在生成图片前按照规则调整提示词、参数值等内容，对于执行的每个步骤插入自定义逻辑。脚本和扩展一样被独立出来，主要用于在生成图片的逻辑上进行调整和优化。

总体来说，插件主要用于扩展 Stable Diffusion 的功能，而脚本则用于在生成图片的过程中插入自定义逻辑和调整参数。这两者共同增强了 Stable Diffusion

的灵活性和适用性。两者潜在区别：插件通常是更面向终端用户的，易于安装和使用，适合不熟悉代码的用户；脚本更适合有编程基础的人，允许对底层功能进行深度定制，灵活性更高。

5.3.1　X/Y/Z plot

X/Y/Z plot 是最常用的脚本，通常在我们需要生成测试图的时候使用，图 5－9 和图 5－10 分别是 X/Y/Z plot 脚本的轴类型及界面。首先简单介绍一下界面功能。

（1）轴类型：这里选择需要测试的数据维度，可以是模型、提示词替换、采样、迭代等。

（2）轴值：这里填具体的模型或者需要测试的参数值。

（3）“包含图例注释”：这里必须勾选，从这里可以看到测试轴值类型。

（4）“保持种子随机”：测试主要是控制变量，其他所有维度不变，所以这里保持不勾选。

图 5－9　X/Y/Z plot 脚本的轴类型

脚本
X/Y/Z plot
X 轴类型
Seed
X 轴值
Y 轴类型
Nothing
Y 轴值
Z 轴类型
Nothing
Z 轴值
包含图例注释
包含次级图像
保持种子随机
包含次级网格图
Vary seeds for X
Vary seeds for Y
Vary seeds for Z
禁用下拉菜单, 使用文本输入
网格图边框 (单位: 像素)
0
X/Y 轴互换
Y/Z 轴互换
X/Z 轴互换

图 5－10　X/Y/Z plot 脚本的界面

（5）“Vary seeds for X”“Vary seeds for Y”“Vary seeds for Z”：翻译过来就是改变 X、Y、Z 的种子，单轴类型的种子随机，这里也不勾选。

（6）“包含次级图像”：在生成测试图的时候，如果勾选，会展示每单个小图。

（7）“包含次级网格图”：如果勾选，会生成某个轴类型的由 N 个图像组成的长图。

（8）“禁用下拉菜单，使用文本输入”：这是对轴值的功能限制，不勾选。

（9）“网络图边框”：调整矩阵图图像与图像之间的间距。一般默认即可，想分开明显可以设置为 20。

5.3.1.1　单轴测试

测试不同模型的出图效果，如图 5－11 所示。首先打开 X/Y/Z plot 脚本，“X 轴类型”选择模型名，点击“X 轴值”选项框右侧的黄色文件夹，就可以显示左右的主模型，在这里进行筛选，留下需要测试的模型即可。Y 轴和 Z 轴类型不用动。

图 5－11　单轴测试设置

测试结果如图 5－12 所示。这里分别调用了 5 个主模型，提示词为“girl”，其他均为默认设置。这样就可以区别每个模型的出图风格、效果。

图 5 - 12　不同模型的出图效果对比

5.3.1.2　双轴测试

要测试不同模型在不同迭代步数的表现，就需要使用双轴，“X 轴类型”依然为模型名，“Y 轴类型”选择迭代步数，“Y 轴值”按照图 5 - 13 设置。

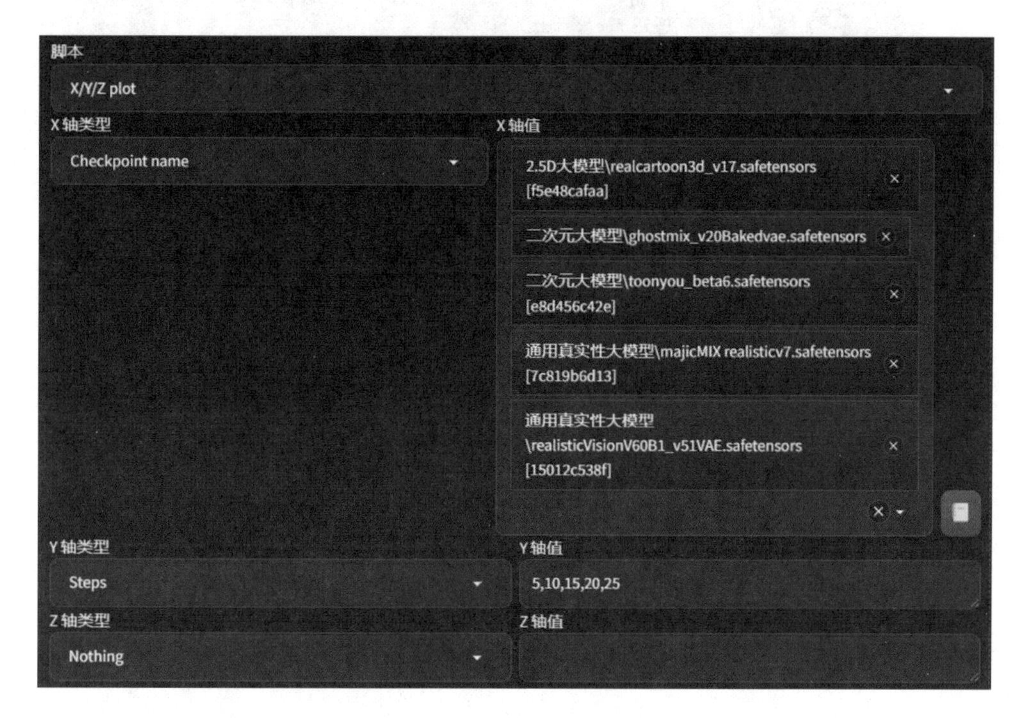

图 5 - 13　双轴测试设置

测试结果如图 5 - 14 所示。这个测试结果展示了这 5 个模型在不同迭代步数下的图像表现。从图 5 - 14 中可以看出，当迭代步数很低时，所有模型都没有生成完整的图像；当迭代步数为 10 时，图像已经变得清晰；当迭代步数为 15 时，图像基本定型；当迭代步数超过 15 后，只会在细节上变化，整体上没有大变化。所以在日常使用中，迭代步数设置为 20～30 即可。

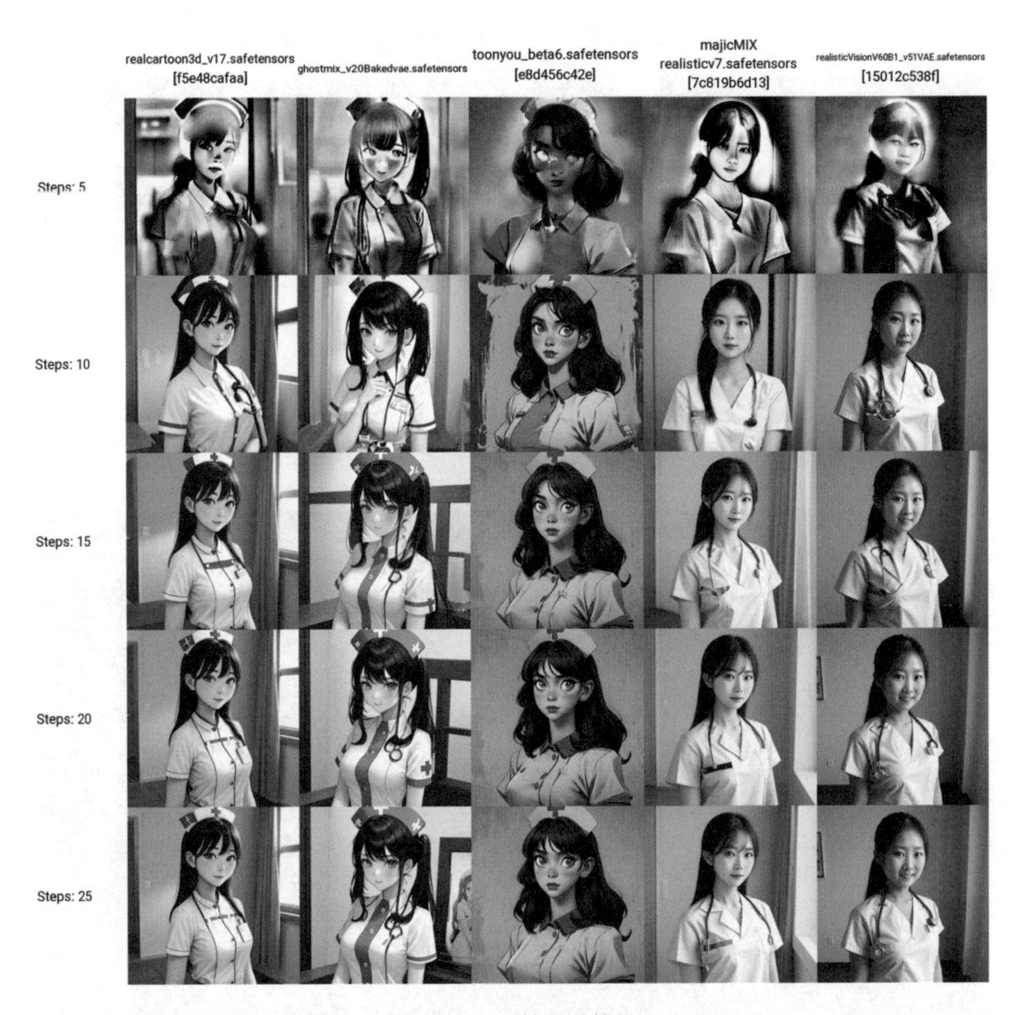

图 5-14　双轴测试结果

需要注意的是，Y 轴值有这样的一个字段“5,10,15,20,25”，这里有多种写法，下面展示了 4 种写法，注意有些括号是不同的。

（1）“5,10,15,20,25”：常规写法，最不容易写错。注意：逗号为英文输入法的逗号。

（2）“5—25 [5]”：意思是，5 到 25 等距取 5 个数值，即 5、10、15、20、25。

（3）“5—25（+5)”：意思是，从 5 开始下一个数值都是增加 5，直到 25。

（4）“25—1（—5)”：意思是，从 25 开始下一个数值减 5，直到 1。注意：这里的 1 可以设置成 1、2、3、4 都可以。

具体在数值上怎么写，按照操作习惯即可。

5.3.1.3　提示词测试

本小节将讲解提示词替换的测试方法。假如需要生成春夏秋冬的图像，那么提示词框如图 5－15 所示填写，X/Y/Z plot 按照图 5－16 设置。注意：X 轴值一定要有提示词的一个单词，比如这里的“spring”。

图 5－15　提示词

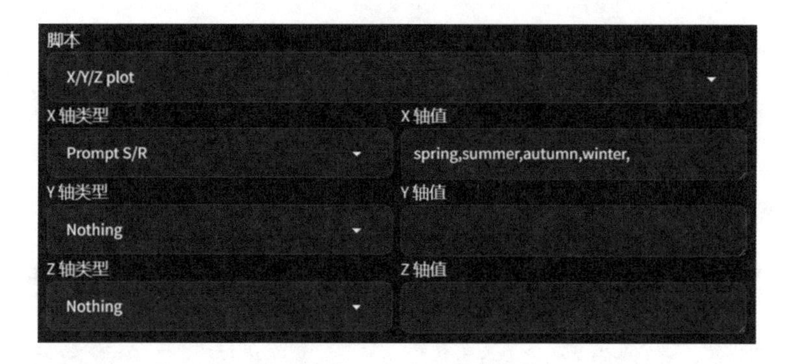

图 5－16　X 轴设置

测试结果如图 5－17 所示，生成了春、夏、秋、冬提示词对应的图像。这种方式在后续的实际应用案例中有很多。除了可以设置季节外，还可以设置不同款式的衣服、不同发色等。

图 5－17　提示词替换

5.3.2　提示词矩阵

提示词矩阵（Prompt matrix）的功能和上文提示词测试的替换提示词功能类似。不过因为是矩阵，所以会出来很多图，展示不同季节杂糅的效果图像，就像一张图既有春天也有夏天的效果。主模型主要控制风格，如果主模型选定了，那么提示词单风格还是比较容易展示的，多风格提示词杂糅反而会导致画面很奇怪，这里了解即可。启用提示词矩阵脚本，再按照语法写提示词即可，需要注意提示词的写法：

```
girl, | spring | summer | autumn | winter,
主画面, | 季节一 | 季节二 | 季节三 | 季节四,
```

5.3.3　从文本框或文件载入提示词

在“提示词篇”我们了解过提示词的通配符语法，其功能就是可以从文本框或者文件载入提示词。

应用场景：假设给你 100 张 Stable Diffusion 生成的图像，他们使用了不同的生成提示词、不同的设置参数，现在要求你用这 100 张图像的所有生成参数、换个随机种子来重新生成一遍。这里的提示词要写在脚本提示词的输入框内（见图 5-18）。

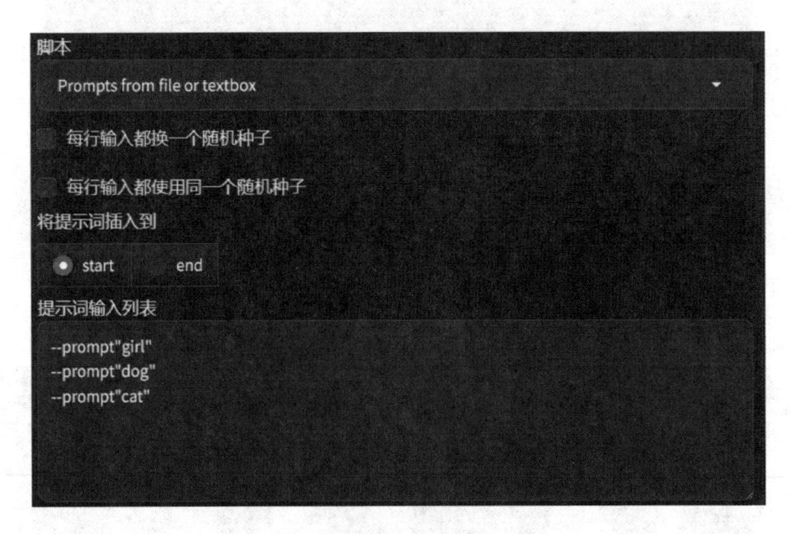

图 5-18　脚本提示词的输入框

格式要求：

```
-- prompt “girl”
-- prompt “dog”
-- prompt “cat”
```

输入以上提示词后，原生提示词框等就无须再做任何设置，点击“生成”后，生成图像效果如图 5 - 19 所示。这可以理解成分镜写法，即一行提示词一个画面。

图 5 - 19　插件效果

当然要实现复杂场景的需求效果就需要这样写提示词：

```
-- prompt “提示词”
-- negative _ prompt “反向提示词”
-- width 768
-- heigth 1024
```

这个后面可以接很长，如 -- batch _ size、-- steps、-- seed、-- cfg _ scale 等。

5.3.4　脚本的安装和卸载

首先来看下脚本的文件路径。Stable Diffusion 根目录下的“scripts”这个文件夹（见图 5 - 20）里的脚本都是一些“. py”文件，而且文件也很小，有编程基础的可以制作自己的 Stable Diffusion 脚本。卸载只需要将这个“. py”对应的文件删除即可。

图 5－20　脚本的文件路径

第6章

图生图篇

【学习目标】

1. 了解常规图生图下各个模块的功能；
2. 了解蒙版图生图下各个模块的功能。

【技能目标】

1. 熟练说出图生图下各个按钮的功能；
2. 熟练使用图生图及蒙版功能；
3. 熟练使用提示词反推功能。

【素质目标】

1. 通过图生图的学习，培养对作品进行修改、二次创作的能力；
2. 理解图生图的原理及蒙版效果，通过对提示词的引导，培养对各功能搭配综合理解的能力。

【知识串联】

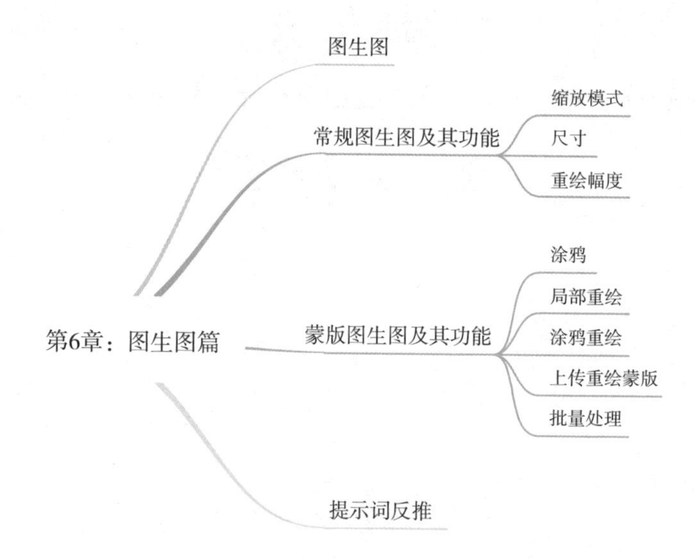
图生图
常规图生图及其功能
缩放模式
尺寸
重绘幅度
涂鸦
局部重绘
第6章：图生图篇
蒙版图生图及其功能
涂鸦重绘
上传重绘蒙版
批量处理
提示词反推

云课堂

6.1　图生图

Stable Diffusion 的图生图（Image to Image）是一种基于图像生成新图像的功能。与传统的文生图（Text to Image）不同，图生图不仅依赖于文本提示词，还结合了输入图片的信息来生成新图像。具体来说，用户可以上传一张图片作为基础，并通过修改提示词（Prompt），如指定颜色、特征等，在原图的基础上生成新图像。这种功能使得 AI 能够根据已有的图像内容和用户的描述要求，生成具有特定变化或增强效果的新图像。

图生图模式特别适用于需要对现有图像进行创意修改或扩展的应用场景，如将现实照片转换成二次元风格或者添加一些特定的视觉元素。这一技术不仅提高了图像生成的灵活性和可控性，也极大地丰富了数字艺术创作的可能性。

6.2　常规图生图及其功能

常规图生图，即我们上传一张图像，然后提示词给指令，这里的指令内容是对生成之后图像预期效果的指令。假如希望生成后女孩的头发是粉色的，那么给一个“粉色头发”的指令，就生成了如图 6－1 所示的效果。

图 6－1　图生图效果

我们知道模型可以控制画风，如果将主模型换一个二次元会有什么效果呢？如图 6－2 所示，就实现了风格转绘。

以上图生图功能通常在对全图进行重绘的时候使用。要想更好的使用简单图生图的功能，就需要对其界面里的参数进行更深度的理解。如图 6-3 所示，接下来将根据序号依次讲解其功能。

图 6-2 换主模型后图生图效果

图 6-3 简单图生图功能

6.2.1 缩放模式

在图生图界面，上传图像后可以看到缩放模式有四个方式。

(1)“仅调整大小”：这个功能可以理解为拉伸。如图 6-4 所示，原图尺寸为 512×512，新尺寸为 768×512，展示了横向拉伸的效果。

(2)“裁剪后缩放”：这个功能可以理解为裁剪。如图 6-5 所示，原图尺寸为 512×512，新尺寸为 256×512，展示了裁剪后缩放的效果。

(3)“缩放后填充空白”：这个功能可以理解为扩图。如图 6-6 所示，原图尺寸为 512×512，新尺寸为 768×512，展示了扩图后填充空白的效果。从图 6-6可以看到，左右的墙体扩充了画面。

图 6-4　仅调整大小效果

图 6-5　裁剪后缩放

图 6-6　缩放后填充空白

（4）“调整大小（潜空间放大）”：理解这个功能的前提是需要知道潜空间和像素空间的尺寸差异是8倍。例如，我们最终输出并看到的尺寸为768×512，在潜空间循环去噪的尺寸实则为96×64。那么潜空间放大就是本来是64×64尺寸在潜空间循环去噪，现在变成了96×64尺寸的循环去噪，这样处理后输出的效果为图6-7。低重绘幅度（Denoising）下图像会变得模糊，而高重绘幅度下图像会变得清晰与合理，但是与原图会有较大差异。调整大小（潜空间放大）这个选项用得不多。

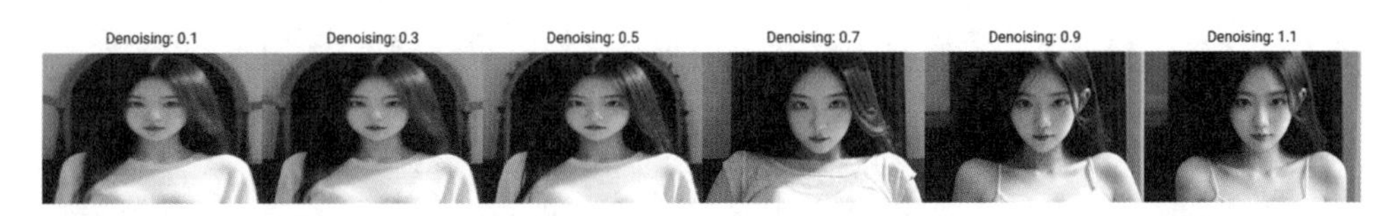

图 6-7　调整大小（潜空间放大）

6.2.2　尺寸

尺寸指的是生成后图像尺寸。例如，原图尺寸为 512×512，现如果要基于此尺寸图生图生成尺寸为 1024×1024 的图像，那么我们调尺寸数值就可以了。关于尺寸有以下几个快捷功能。

(1) “重绘尺寸”：这里的宽度和高度都是可以在上传图像后调整的，调整时会在原图上显示一个红框如图 6－8 所示。这个红框展示了生成后图像的宽高比，如果这个红框正好完全覆盖了这张图，那么生成后图像的宽高比与原图像一致。

图 6－8　生成尺寸宽高比展示

(2)“重绘尺寸倍数”：如图 6－9 所示，如果“重绘尺寸倍数”设置为 2，原图尺寸为 512×512，那么生成尺寸就为 1024×1024。这里的倍数也可以设置为小数，比如 0.5、1.5 之类的数值。

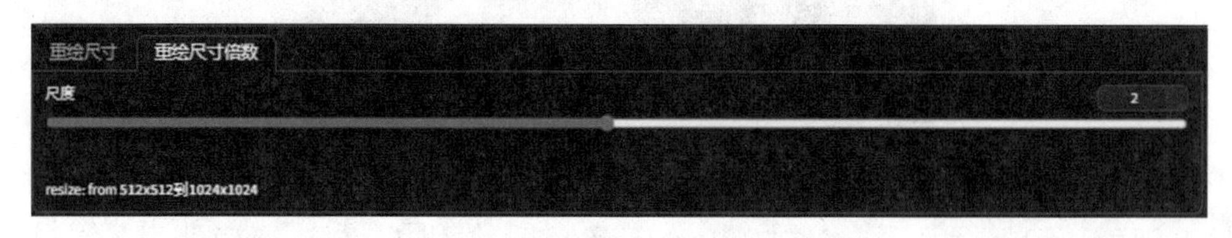

图 6－9　重绘尺寸倍数

(3) ：意思是，读取已上传图像的像素尺寸，填入到宽度、高度，此符号比较常用。

6.2.3　重绘幅度

说到重绘幅度，需要提一下，之前在文生图的功能中学习过高分辨率修复，这两个重绘幅度意思一样，都是基于一张图像生成另外一张图像，然后重绘的幅度大小受重绘幅度数值影响。需要注意的是，这两个重绘幅度在相同数值下，高分辨率修复的重绘幅度会小很多。

我们来做一个测试，以便于更好的理解不同重绘幅度数值对图像转绘效果的影响。如图 6－10 所示，当重绘幅度数值为 0.1 和 0.3 时，图像基本没有什么变化；当重绘幅度数值为 0.5 时，图像既保留了部分特征也实现了转绘。所以转绘时重绘幅度的数值常设为0.3～0.5，太高的重绘幅度数值会完全损失原图特征。

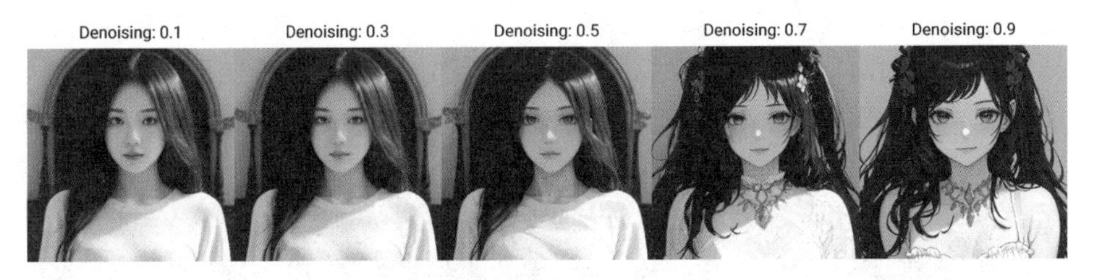

图6-10　不同重绘幅度效果

6.3　蒙版图生图及其功能

蒙版图生图的内容包含涂鸦、局部重绘、涂鸦重绘、上传蒙版重绘和批量处理。它和常规图生图的最大差别就是，可以控制图像的局部变化。这里的蒙版可以理解为涂鸦的区域、选择的区域或者蒙住的区域。

6.3.1　涂鸦

涂鸦就是在上传的图像上面，选择自己喜欢颜色的画笔涂涂画画，然后给提示词，生成想要的结果。涂鸦效果会受涂鸦画笔颜色的影响。

选择涂鸦，上传一张图像后，会发现图像的右上角有很多功能小图标。如图6-11所示，这里有5个功能，依次是撤回操作，返回；全部擦除；关闭图像，撤回上传的图像；调整画笔大小；选择颜色。

图6-11　涂鸦界面

这里还有一个隐藏功能：将画板放大的快捷键是“S”键。

将原图用不同颜色的画笔涂色后，重绘幅度调整到 0.5，提示词不写，就可以看到如图 6 - 12 所示的结果。从图 6 - 12 可以看到，发饰、衣服都发生了变化，而且跟我们画笔的涂色有关联。此外，在涂鸦情况下，不仅我们涂的地方发生了变化，背景头发、长相等也都发生了变化。

图 6 - 12　涂鸦效果

6.3.2　局部重绘

局部重绘也是通过画笔来涂抹相应的地方。需要注意的是，这里画笔统一为白色，若提示词为“粉色衣服,项链”，重绘幅度调整为 0.6，则会生成如图6 - 13 所示的效果。从图 6 - 13 可以看到，这个女孩戴上了项链和穿上了粉色的衣服。注意：在局部重绘下，整张图像只有涂抹的地方发生了变化。

图 6 - 13　局部重绘效果

在局部重绘时，有很多功能可供选择，如图 6 - 14 所示。下面将对这些功能依次讲解。

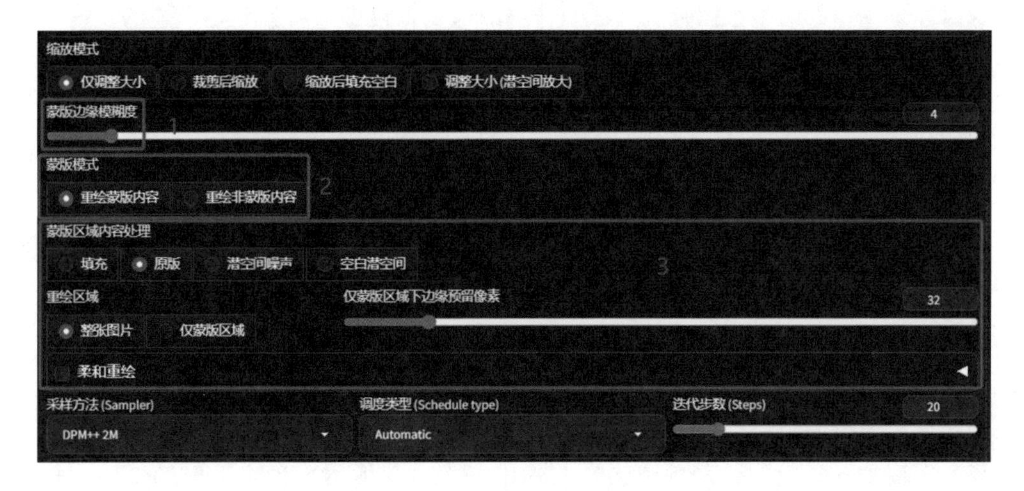

图 6 - 14　局部重绘参数

（1）“蒙版边缘模糊”：类似羽化的意思。在实际应用中，如果边缘过渡不自然，那么蒙版是需要稍大一圈的。

（2）“重绘蒙版内容”：重绘涂抹蒙版的地方。

（3）“重绘非蒙版内容”：重绘没有涂抹蒙版的地方。例如，蒙版的是人物，重绘非蒙版就是换背景。

（4）“蒙版区域内容处理”：这里有 4 个选项，在实际应用中差别不大，通常是默认即可。其中，填充和原版可以理解为在原图基础上添加噪声再去除噪声来生成图像。例如，女孩原本穿着红色衣服，我们给她涂上蒙版，提示词给出蓝色的指令，这时候首先会给这个蒙住的衣服添加噪声，变成噪声图，然后再一步一步去噪，保留原色的噪声影响，最终生成一个穿着蓝色衣服的女孩。潜空间噪声和空白潜空间就是直接将这个女孩原本蒙版的红色衣服直接剪下来丢掉，重新拿来一个随机种子的噪点图，在这个新噪点图上去噪声图，也就是完全剔除了原图噪声的影响。

注意：如果使用潜空间噪声，那么需要将重绘幅度调整到 0.8 及以上，否则出的都是噪点图。其他使用场景保持默认即可。

（5）“重绘区域”：这里有两个选项：重绘整张图片和重绘仅蒙版区域。什么意思呢？假如有一张图需要换脸，重绘整张图片就是重新生成一张图，然后把这个新的脸放在这里，其他部分再丢掉；重绘仅蒙版区域就是直接重新画一张新的脸放在这里。以下有几个案例，可以帮助我们理解此功能。假如有一张以下尺寸的图需要换脸。

① 512×512 左右：小尺寸图，那么脸在整张图就更小了，分到的像素少，这时如果选择重绘整张图片，那么脸分到的像素也很少，脸就一定是崩的。这时候最优选择重绘仅蒙版区域。

② 768×1536 左右：中等尺寸图，脸部像素足够，可以最优选择重绘整张图。

③ 2048×2048 左右：超大尺寸图，如果选择重绘整张图，那么很多人的显卡都会生成不出来，会报显存不足。这时候就需要选择重绘仅蒙版区域。

总结：小图、超大图选择重绘仅蒙版区域，中等尺寸图选择重绘整张图片。

（6）“仅蒙版区域下边缘预留像素”：这是控制蒙版区域分到的像素密度的。当选择“仅蒙版区域”时，图 6－15 展示的是数值为 12 时的脸的像素密度（较高），图 6－16 展示的是数值为 175 时的脸的像素密度（较低）。它是配合选择仅蒙版区域使用的一个功能。在实际生成中，像素密度适中时图像效果是最好的，像素密度太高时图像脸的地方会出现新的一个人，像素密度太低时图像脸会崩的，起不到修复的效果。

图 6－15　局部重绘参数

图 6－16　局部重绘参数

注意：上述（5）和（6）要仔细研读体会，才能理解重绘功能的像素控制。

（7）“柔和重绘”：这是新增加的功能，旨在帮助蒙版重绘后衔接的地方看起来更好。内置参数不用调，保持默认即可。使用重绘功能时，柔和重绘保持打开即可。

6.3.3　涂鸦重绘

如图 6－17 所示，这里将女孩后面的一根木头蜡烛涂成绿色，然后提示词给的是“蜡烛”，测试在不同重绘幅度下图像的表现。从图 6－17 可以看出，涂鸦重绘执行的是涂鸦区域的重绘，而且在低重绘幅度下受颜色影响，在高重绘幅度下不受颜色影响。

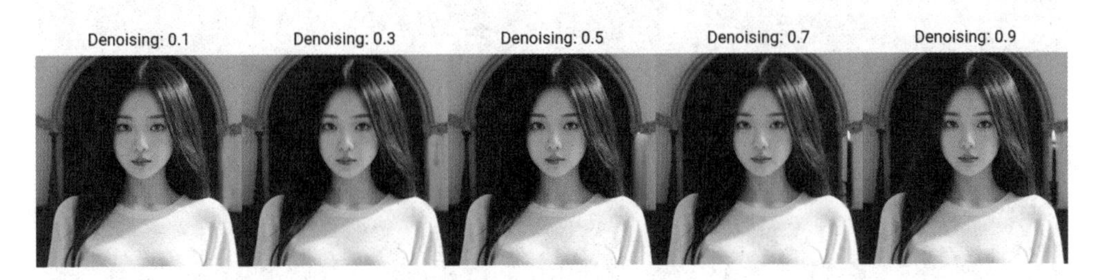

图 6－17　涂鸦重绘

6.3.4　上传重绘蒙版

上传重绘蒙版和局部重绘一样，只是这里的蒙版不用手涂。因为有的人觉得手涂容易涂错，所以这里可以直接上传制作好的蒙版图。图 6－18 为上传重绘蒙版的生成效果。这里的提示词为“项链,粉色衣服”。

图 6－18　上传重绘蒙版的生成效果

6.3.5　批量处理

批量处理是图生图最后的一个功能。在按照上文内容，测试好一张图像的效果已令我们满意时，假如有 100 张图像都需要风格转绘，那么可以使用此功能来处理。具体操作：在电脑桌面新建文件夹 1 和文件夹 2，文件夹 1 里面放这 100 张图像，文件夹 2 是空的，用来放生成后的图像；如图 6－19 所示，填写输入和输出目录，再填写之前测试的各项参数，如提示词、重绘幅度等；点击“生成”即可。

图生图 涂鸦 局部重绘 涂鸦重绘 上传重绘蒙版 批量处理

Upload From directory

处理服务器主机上某一目录里的图像
输出图像到一个空目录，而非设置里指定的输出目录
添加重绘蒙版目录以启用重绘蒙版功能

输入目录

C:\Users\Administrator\Desktop\1

输出目录

C:\Users\Administrator\Desktop\2

批量重绘蒙版目录(仅限批量重绘使用)

ControlNet 输入目录

留空以使用普通输入目录

图 6 - 19　批量处理

6.4　提示词反推

本节讲的是图生图下的提示词反推功能。如图 6 - 20 所示，在图生图界面，上传图像，再点击生成下面的第五个或者第六个按钮（这两个按钮功能一样，都是反推），即可在提示词框显示这张图像的内容。注意：这里的反推并非反推其图像的生成参数，而是反推模型对图像能够识别的信息，所以并非百分之百准确，经常需要检查。

图 6 - 20　图生图界面

第7章

常用插件篇

【学习目标】

1. 学习使用常见强大的插件；
2. 了解各插件的应用场景。

【技能目标】

1. 掌握后期处理、PNG图片信息插件；
2. 掌握 Inpaint Anything、Photopea 插件。
3. 掌握 WD 1.4 标签器、通配符管理及 ADetailer 插件。

【素质目标】

1. 通过各项插件功能的学习，提升对AI使用的综合素质；
2. 熟悉各项插件的功能，锻炼独立思考、举一反三的推理思维。

【知识串联】

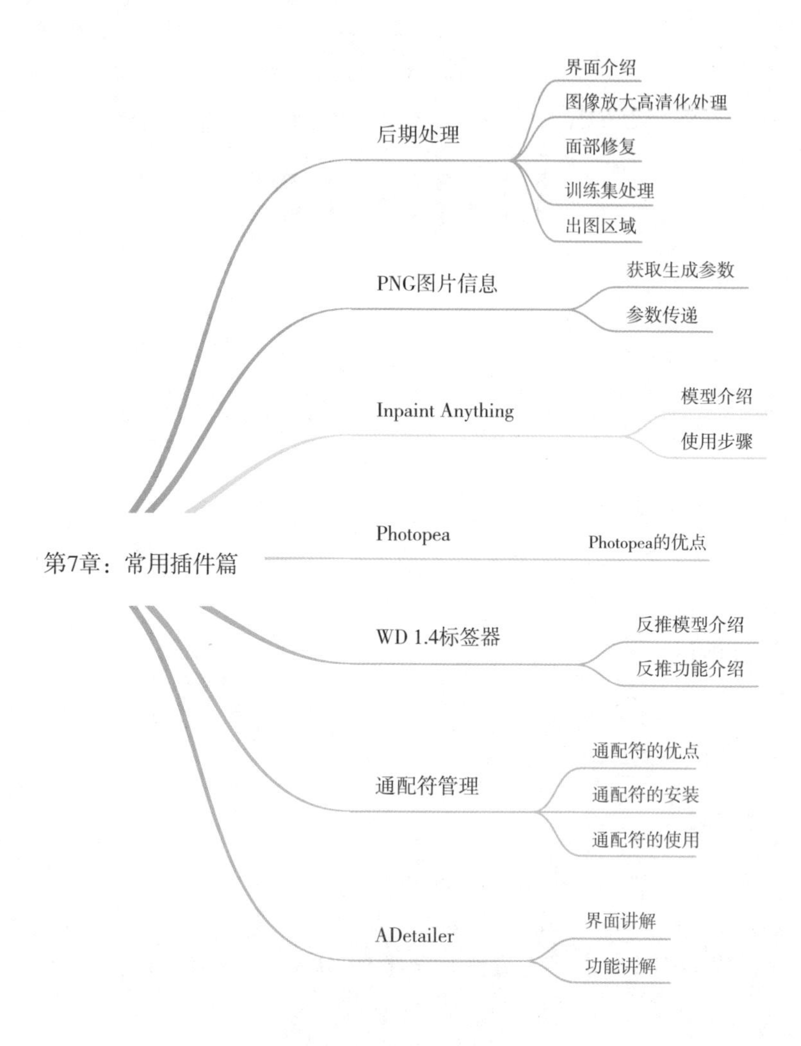
第7章：常用插件篇
后期处理
界面介绍
图像放大高清化处理
面部修复
训练集处理
出图区域
PNG图片信息
获取生成参数
参数传递
Inpaint Anything
模型介绍
使用步骤
Photopea
Photopea的优点
WD 1.4标签器
反推模型介绍
反推功能介绍
通配符管理
通配符的优点
通配符的安装
通配符的使用
ADetailer
界面讲解
功能讲解

云课堂

7.1　后期处理

后期处理主要包括图像放大高清化处理、面部修复、训练集处理（裁切与打标）等。

后期处理是 Stable Diffusion 的额外功能，通过选择放大算法的放大，增加图像分辨率，以达到更高的视觉效果。图 7－1 为后期处理界面。

图 7－1　后期处理界面

7.1.1　界面介绍

（1）图片输入区域：可以选择上传一张、多张，或者直接读取一个文件夹路径的方式开启放大任务。

（2）图像放大区域：可以选择多种放大算法。用户可以将低分辨率图像放大到更高的分辨率。

（3）进阶调整区域：包含了面部修复和训练集处理（裁切与打标）。

7.1.2　图像放大高清化处理

图像放大高清化处理：可以选择多种放大算法，这一功能在“基础参数篇”详细讲到过，用户可以将低分辨率图像放大到更高的分辨率。常用的放大算法包括R－ESRGAN 4x＋、R－ESRGAN 4x＋ Anime6B、4xUltraSharp 等，这些算法能够在放大的同时保持图像的清晰度和细节。图 7－2 为原图放大 4 倍后的效果。

图 7－2 原图放大 4 倍后的效果

（1）放大算法：有两个放大算法，正常使用选择其中之一即可。

（2）“缩放倍数”：按照原图比例放大，最大值为 8。

（3）“缩放到”：可以自定义分辨率，如果设定的分辨率和原图尺寸比例不符，那么会默认裁剪掉多余的像素。

7.1.3 面部修复

图 7－3 为 GFPGAN 和 CodeFormer 的界面，它们都是用于图像修复和人脸增强的深度学习模型，通常用于修复老旧、模糊或低分辨率的图像。

图 7－3 GFPGAN 和 CodeFormer 的界面

GFPGAN 和 CodeFormer 的具体功能和特点如下。

（1）GFPGAN（Generative Facial Prior GAN）：一种基于生成对抗网络（GAN）的模型，专注于人脸修复。其目的是通过结合生成模型和图像修复技术，修复低质量、模糊或损坏的人脸图像。其可用于老照片修复、低质量图像处理、人脸美化等领域。其数值通常为 0～1，勾选后启用，数值越大修复人脸效果越好。

（2）CodeFormer：一种自编码器模型，旨在处理图像中的广泛修复问题，尤其是人脸图像的质量提升。其与GFPGAN类似，可以增强人脸细节，但其设计考虑了图像的编码和解码过程，因此能更有效地修复和增强图像。其勾选后启用，左侧可见度是人脸的重建程度，右侧权重数值越小效果越高、数值越大效果越差。CodeFormer是GFPGAN的替代品。

GFPGAN和CodeFormer的主要区别如下。

（1）模型结构：GFPGAN基于生成对抗网络（GAN），而CodeFormer使用自编码器模型。

（2）专注点：GFPGAN更加专注于人脸修复，而CodeFormer更适用于广泛的图像修复任务，包含人脸修复和其他类型的图像增强。

（3）细节保留：GFPGAN强调平衡图像细节和面部特征的真实性，CodeFormer则通过智能编码提高修复的灵活性和精度。

GFPGAN和CodeFormer各有优势，可以根据不同的需求选择相应的工具进行图像处理。通常面部修复时，可单独打开，也可同时打开，如图7-4所示。注意：面部修复时，如果只使用图像放大的话是无效的，这样只会将宽度和高度放大。

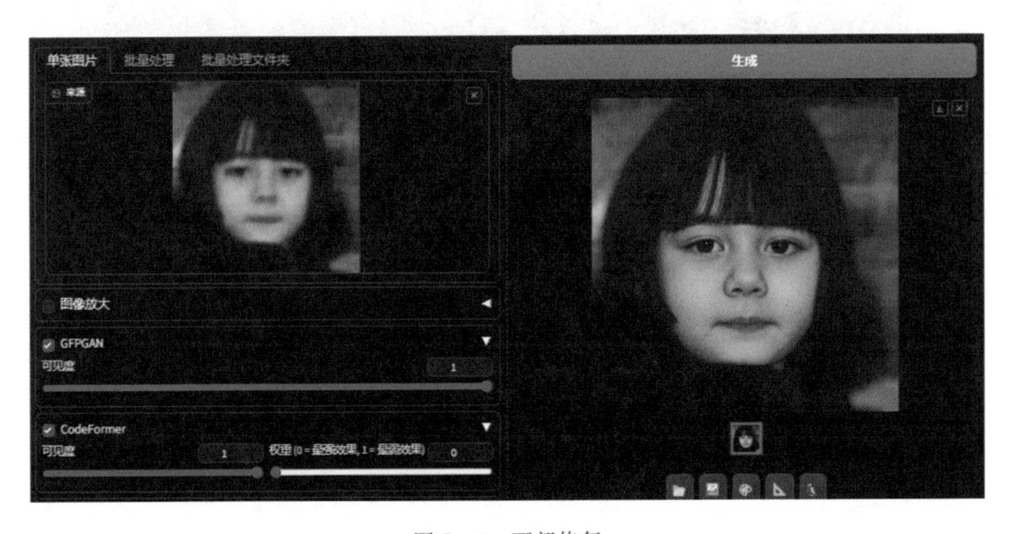

图7-4　面部修复

7.1.4　训练集处理

训练集处理是后续学习模型训练时会学习的功能。训练集是一张张图片，而训练集处理实现的功能就是对训练集进行裁切和打标。训练集处理功能界面如图7-5所示。

图 7 - 5 训练集处理功能界面

7.1.5 出图区域

如图 7 - 6 所示，生成图像会显示在出图区域。需要注意的是，出图区域下方有一些按钮，其功能依次如下：展示生成图像的文件途径；发送图像和生成参数到图生图选项卡；发送图像和生成参数到图生图局部重绘选项卡；发送图像和生成参数到后期处理选项卡；发送到内置 Photoshop 插件 Photopea。

图 7 - 6 出图区域

7.2 PNG 图片信息

PNG 图片信息的主要功能是读取扩散模型的生成参数，Stable Diffusion 或者 ComfyUI 生成的图像参数都可以读取出来。

Stable Diffusion 的 PNG 图片信息（PNG Info）允许用户查看和提取生成图像的参数信息。这一功能非常实用，能帮助用户了解生成图像时所使用的具体参数信息。

7.2.1　获取生成参数

用户上传在 Stable Diffusion 中生成的 PNG 图片信息，系统会自动提取并显示与该图像相关的生成参数，如图 7-7 所示。

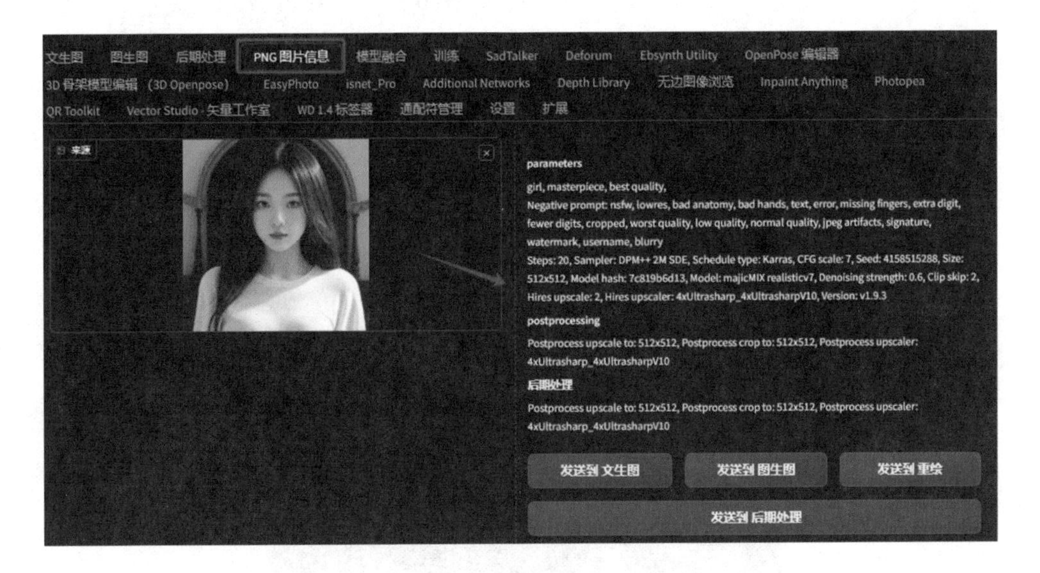

图 7-7　读取生成参数

（1）正向提示词（Prompt）：用于生成图像的描述性文字。

（2）反向提示词（Negative Prompt）：用于排除不希望出现的元素。

（3）迭代步数（Steps）：生成图像所经历的迭代次数。

（4）采样器（Sampler）：用于生成图像的算法类型。

（5）CFG Scale：控制生成图像与提示词匹配程度的参数。

（6）随机种子（Seed）：随机数生成器的种子，用于确保图像生成的可重复性。

（7）图像尺寸（Size）：生成图像的分辨率。

（8）模型信息（Model）：所使用的基础模型或 LoRA 模型。

（9）CLIP Skip 及其他生成参数。

7.2.2　参数传递

在获取到参数信息后，用户可以通过一键操作将参数发送到其他功能模块中。文生图（Text-to-Image）、图生图（Image-to-Image）、重绘（Inpainting）及后期处理等功能极大地提高了用户的工作效率，简化了重复操作。

7.3　Inpaint Anything

Inpaint Anything 的主要功能：抠图、创建蒙版图、获取 Alpha 通道图等。

Inpaint Anything 是 Stable Diffusion 的一个插件，它与 Segment Anything 模型结合，可以帮助用户快速地创建蒙版，大大提高局部重绘的效率。

7.3.1　模型介绍

如图 7 - 8 所示，这些是 Inpaint Anything 的可选模型。前面讲过，有些插件需要特定的模型才能正常使用，这里虽然显示了 13 个模型，但实际使用一般安装一个就可以了。图 7 - 8 显示只安装了 “sam _ vit _ l _ 0b3195. pth”，其他则是未安装状态。如果选择了其他模型，那么第一次使用时，后台会自动安装。

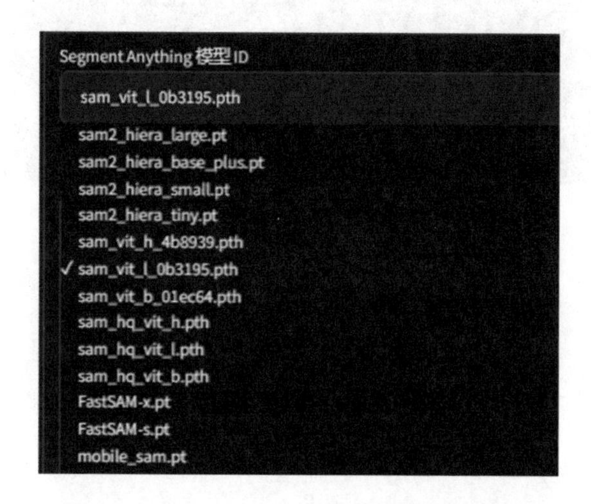

图 7 - 8　Inpaint Anything 模型

关于 Inpaint Anything 的 sam 模型主要有如下三种不同的系列。

（1） sam 系列：这是 Meta AI 最开始推出的分割模型。其可以根据电脑能适应的配置选择使用。

① vit _ h：2. 56 GB，适用于显存较高的设备，提供更精确的分割效果。

② vit _ l：1. 25 GB，适合大多数用户，平衡了性能和显存需求。

③ vit _ b：375 MB，为显存较低的设备设计，虽然效果可能有所降低，但仍可用于基本的分割任务。

（2） sam2 系列：这是 Meta AI 推出的最新版本，专为图像和视频中的对象分割设计。sam2 在 SA - 1B 数据集上进行了训练，该数据集包含超过 110 亿个掩码，具有更高的准确性和更强的功能。根据 Meta 的说法，sam2 在图像分割任务上的准确性比原始 sam 高出 6 倍。

（3）FastSAM 系列：这是中国科学院开发的一个实时解决方案，其基于 YOLOv8 - seg 架构。FastSAM 仅使用 SA - 1B 数据集的 2%进行训练，采用知识蒸馏技术来减少计算需求。虽然 FastSAM 在速度上有显著优势，但其精度通常低于完整的 sam 模型。

7.3.2　使用步骤

图 7 - 9 为 Inpaint Anything 的界面，其具体使用步骤如下。

图 7 - 9　Inpaint Anything 的界面

（1）选择插件：在第一行插件列表选择“Inpaint Anything”。

（2）选择模型：选择抠图模型。

（3）上传图像：默认是上传三次元图像。如果是二次元，那么需要勾选“动漫风格模式”。另外，上传图像的尺寸不能太大，一般 2 kB 以内都是没问题的。

（4）点击运行：点击“运行 Segment Anything”，这时右边就会出现各个颜色的色块图。

（5）选择色块区域：用画笔选择需要抠图的颜色即可。如图 7 - 9 所示，黑色线条经过各个色块。

（6）创建蒙版：点击“创建蒙版”即可看到图像的抠图效果。这里有个重要的功能。按住“S”键可以放大蒙版画板，再用画笔做最后调整，调整之后再按

“S” 键收回，并选择点击以下按钮：

① 根据草图修剪蒙版：画笔涂抹的地方从蒙版删除；

② 根据草图添加蒙版：画笔涂抹的地方添加进蒙版中。

（7）获取蒙版及 Alpha 图像：选择获取蒙版图或者 Alpha 通道图。

（8）下载：在获取的图像右上角都有一个下载按钮。有了图像蒙版就可以配合图生图的局部重绘进行其他操作。

7.4 Photopea

Photopea 类似于 Photoshop，具有强大的图像处理功能。Photopea 是一款基于浏览器的图像编辑工具。随着 Stable Diffusion 的集成，Photopea 变得更加灵活，用户可以在其中直接利用 AI 图像生成技术进行创意设计和图像编辑。Photopea 使用界面如图 7－10 所示。

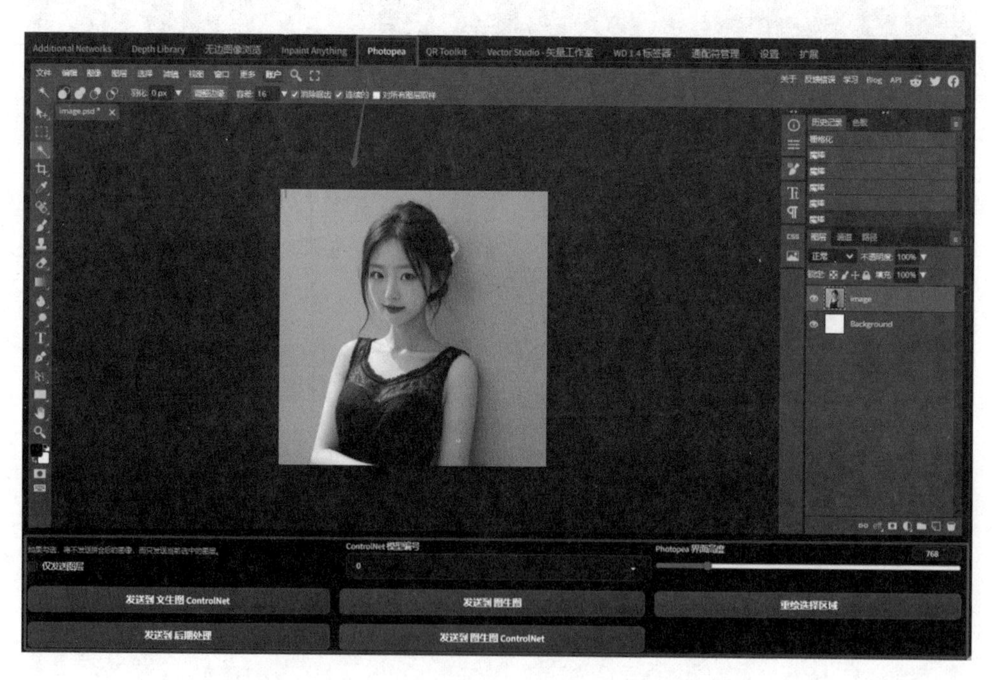

图 7－10　Photopea 使用界面

Photopea 的优点如下。

（1）图像编辑工具：Photopea 提供了丰富的图像编辑工具，包括图层管理、滤镜效果、调整色彩等。这些工具使得用户可以在生成图像后进行进一步的修改和优化。

（2）实时渲染：通过集成的 LCM（Latent Consistency Model），Photopea 可以实现实时渲染。这意味着用户在编辑图像时，可以即时看到修改的效果，从而提高工作效率。

（3）局部重绘功能：Photopea 支持局部重绘（Inpainting），用户可以选择图像中的特定区域进行编辑，填补缺失的部分或替换不需要的元素。这一功能特别适用于修复图像或者进行创意修改。

（4）与 Stable Diffusion 的无缝集成：用户可以在 Photopea 中直接将生成的图像发送到 Stable Diffusion 的其他功能模块（如图像放大、图像修复等），实现多步骤的图像处理。

7.5　WD 1.4 标签器

WD 1.4 标签器（Waifu Diffusion 1.4 Tagger）的主要功能：提示词反推。

WD 1.4 标签器是 Stable Diffusion 的一个扩展插件。它利用 Waifu Diffusion 1.4 模型自动识别图像中的元素并生成相应的标签（Tag）。这些标签可以直接用于 Stable Diffusion 的文生图或图生图功能，大大提高了创作效率。图 7 - 11 为 WD 1.4 标签器的使用界面。

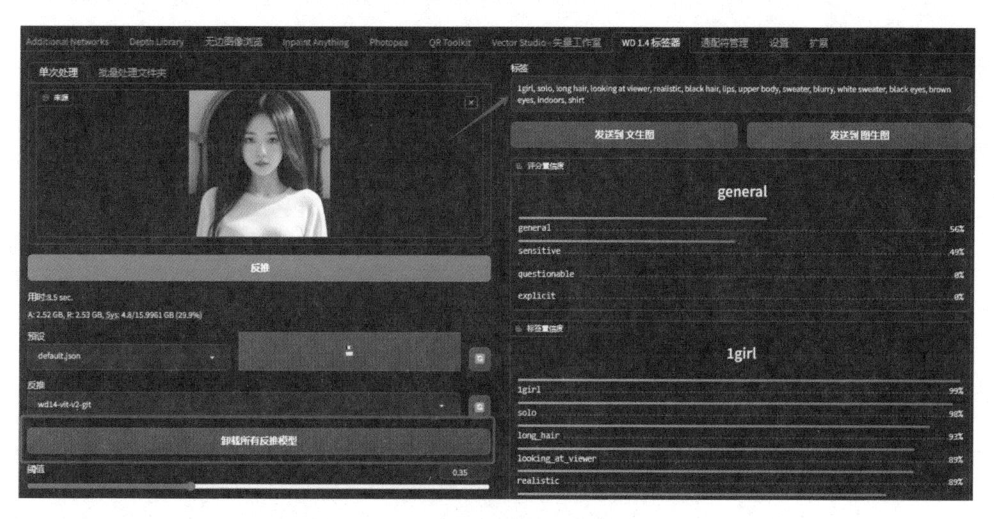

图 7 - 11　WD 1.4 标签器的使用界面

7.5.1　反推模型介绍

WD 1.4 标签器的反推模型包括多种不同的变体，如 wd14 - vit - v2 - git、

wd - convnext - v3、wd - swinv2 - v3 等。这些模型的主要区别在于它们使用的架构和版本。

（1）wd14 - vit - v2 - git：目前较为推荐的反推模型，其生成的标签又快又准确。

（2）wd - convnext - v3 和 wd - swinv2 - v3：这两个模型是较新的版本，提供了较多的训练图像和较现代的标签，但具体性能可能需要进一步测试。

（3）wd - vit - v3：一个较新的 ViT（Vision Transformer）模型，适用于较复杂的图像分析任务。

（4）wd14 - convnext 系列：包括多个不同版本的 ConvNext 模型，如 wd14 - convnext、wd14 - convnext - v2 等，这些模型在物品识别和标签准确性上略有差异。

（5）wd14 - moat - v2：基于 MOAT 架构的一个版本，被认为是最新的模型之一。

总体来说，每个模型都有其特定的优势和适用场景，选择哪个模型取决于具体的使用需求和对速度与准确性的权衡。

7.5.2 反推功能介绍

（1）自动标签生成：用户上传图像后，WD 1.4 标签器会自动分析图像内容，生成一系列相关的标签。这些标签涵盖了人物特征、服饰、场景等多个方面。

（2）阈值：如图 7 - 11 所示，左下角有个阈值，这个 0.35 可以理解为反推模型认为有 35%的图像可能有某个特征，最终会输出这个特征的提示词。注意：阈值越高反推越精准，但是提示词会越少；反之，阈值越低反推越不精准，提示词数量会越多。

（3）标签调用：反推出来后，可以复制，也可以发送到图生图或文生图。

（4）卸载反推模型：反推模型（如 CLIP、BLIP 等）在进行标签反推时会占用大量的系统资源（如内存和显存）。一旦反推完成，卸载模型可以释放这些资源，避免系统过载。

7.6 通配符管理

通配符管理（Wildcard Management）的主要功能：对提示词排列组合，进行抽卡。

在 Stable Diffusion 的使用过程中，通配符管理是一个重要的功能模块，尤其是在处理复杂的提示词和生成图像时。通配符允许用户在生成过程中使用灵活的表达方式，以便更好地控制生成结果。通配符是指在提示词中使用特定符号或词汇，其代表一组可能的词汇或短语。通过使用通配符，用户可以在生成图像时引入多样性和灵活性。

7.6.1 通配符的优点

（1）动态替换：通配符管理允许用户在生成过程中动态替换特定的词汇。例如，用户可以定义一个通配符来代表不同的颜色、风格或主题，使得每次生成的图像都有所不同。

（2）简化提示词：使用通配符可以简化提示词的输入。用户不需要每次都输入完整的描述，而是可以通过通配符来快速生成多种变体，这在处理大量图像时尤为重要。

（3）组合使用：用户可以将多个通配符组合在一起，以创建更复杂的提示词。例如，可以定义一个通配符用于人物特征，另一个通配符用于背景元素，从而生成更具个性化的图像。

7.6.2 通配符的安装

安装通配符管理插件：插件名称 sd - dynamic - prompts。通配符管理插件安装如图 7 - 12 所示。

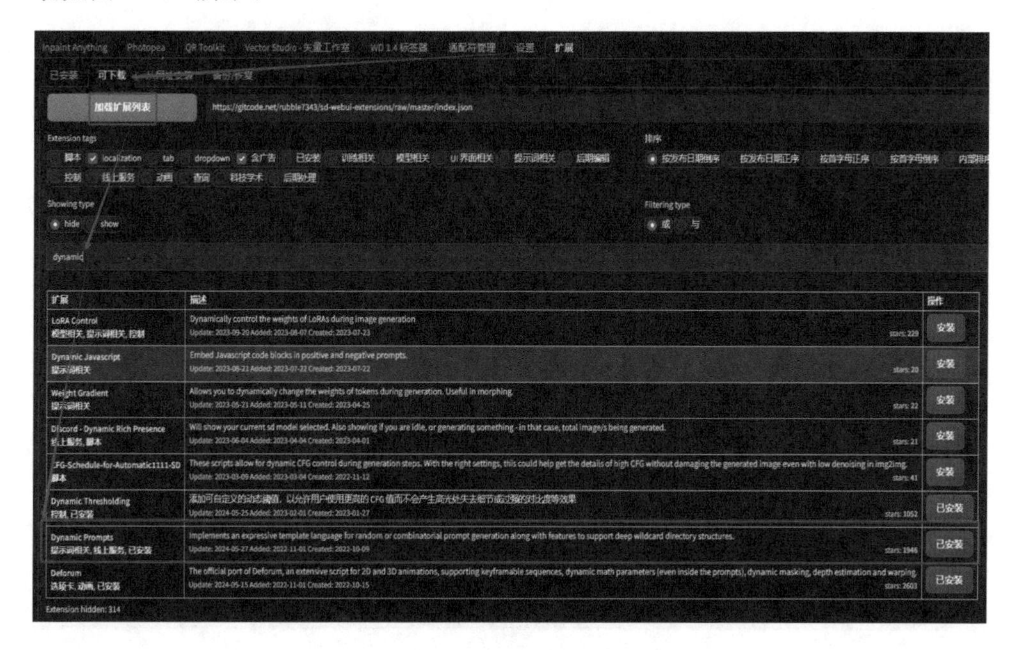

图 7 - 12 通配符管理插件安装

安装步骤：点击“拓展”→“可下载”→“加载拓展列表”→搜索“dynamic”→选择“dynamic - prompts”后面的安装。安装后需要重启 Stable Diffusion。

7.6.3 通配符的使用

（1）准备通配符文件：如图 7 - 13 所示，路径为 extensions\sd - dynamic - prompts\wildcards，在“wildcards”文件夹内新建一个文本文档，并在文本文档中填充需要生成的内容。注意：一行是一个图像。

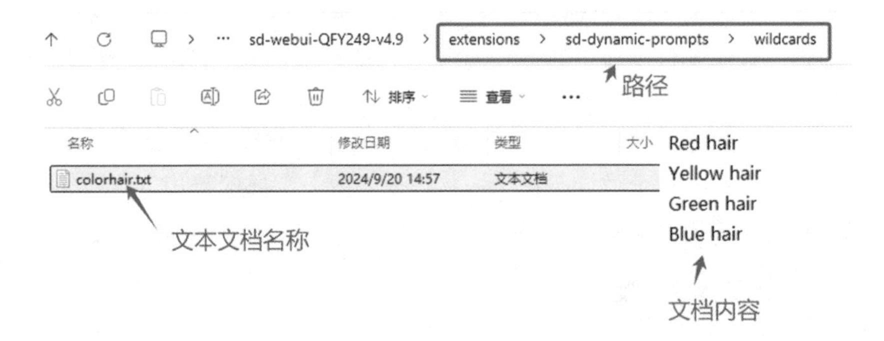

图 7 - 13 通配符文件准备

（2）提示词书写语法“girl，_ _colorhair_ _”像这样的写法“_ _文本文档名_ _”，生成效果如图 7 - 14 所示。

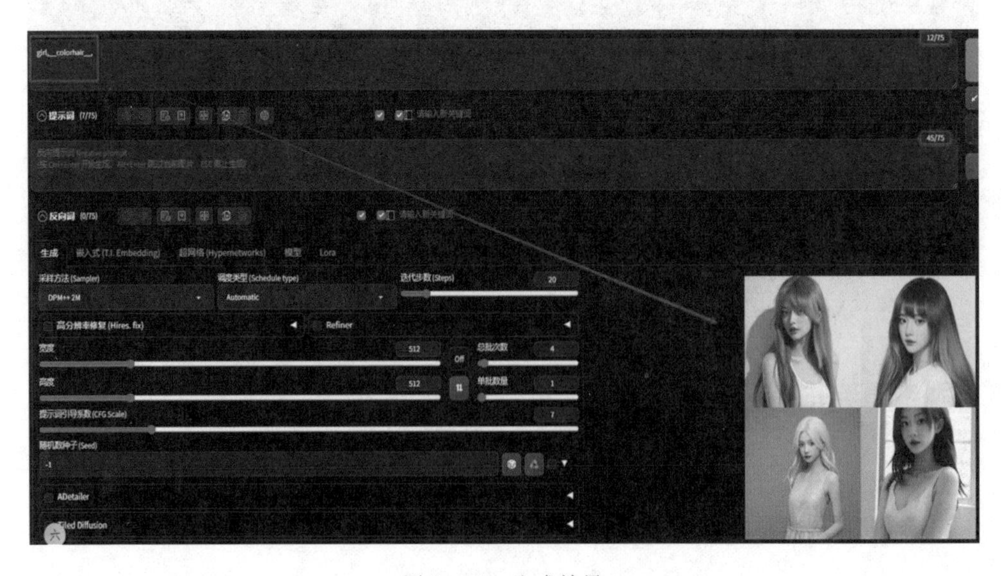

图 7 - 14 生成效果

注意：可以同时调用多个通配符文件；如图 7 - 15 所示，可以通过通配符管理插件对通配符文件进行修改管理；“__”是由 2 个“_”组成的；通配符会随机抽取文档内的提示词，为了保证出现效果，也可以在文档提示词里面为提示词加权重；每次修改文档内容后需要点击“刷新通配符”才可以生效。

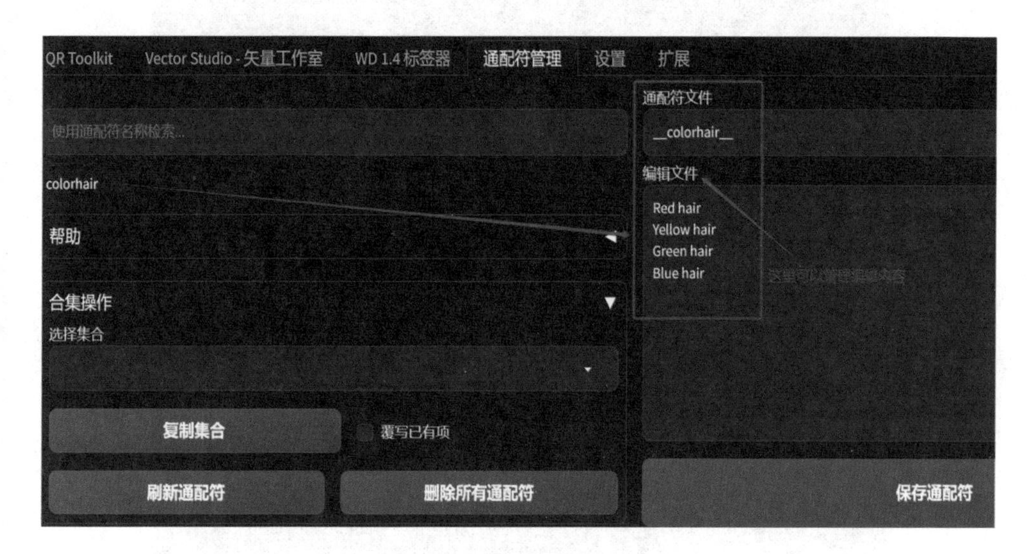

图 7 - 15　通配符管理界面

7.7　ADetailer

ADetailer（After Detailer）的主要功能：面部修复、手部修复、提示词选区修复。

ADetailer 是 Stable Diffusion 的一个扩展工具，旨在自动修整生成图像的细节，特别是面部和手部特征。它通过应用特定的检测模型和修复算法，帮助用户提升图像的质量，尤其是在处理复杂场景时。其工作原理：首先通过模型检测出需要修复的模块，如面部检测模型检测面部、手部检测模型检测手部、提示词检测模型会根据提示词内容检测图像内容。检测出来之后再创建蒙版，如将脸蒙住。再然后就是重绘，重绘时采用更加精准的设置，以保证面部和手部重新生成的内容更正确、合理。

7.7.1　界面讲解

ADetailer 界面如图 7 - 16 所示。

图 7 - 16　ADetailer 界面

7.7.2　功能讲解

（1）单元：一个单元就是一个修复部位，这里的单元是可以通过“设置”增加的，如图 7 - 17 所示。

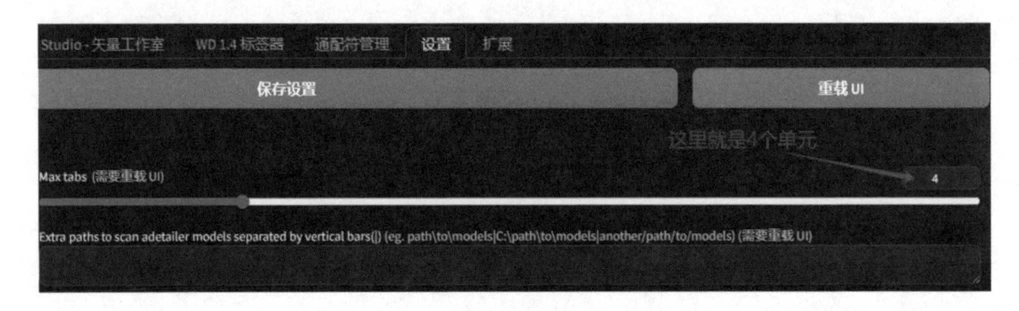

图 7 - 17　增加单元

具体设置步骤：“设置”→“ADetailer”→“Max tabs”（需要重载 UI）→

设置单元数（图7-17中为“4”）。设置后重启 Stable Diffusion，这样我们就有个4个单元了。

（2）模型：如图7-18所示，ADetailer 默认有10个常用模型。

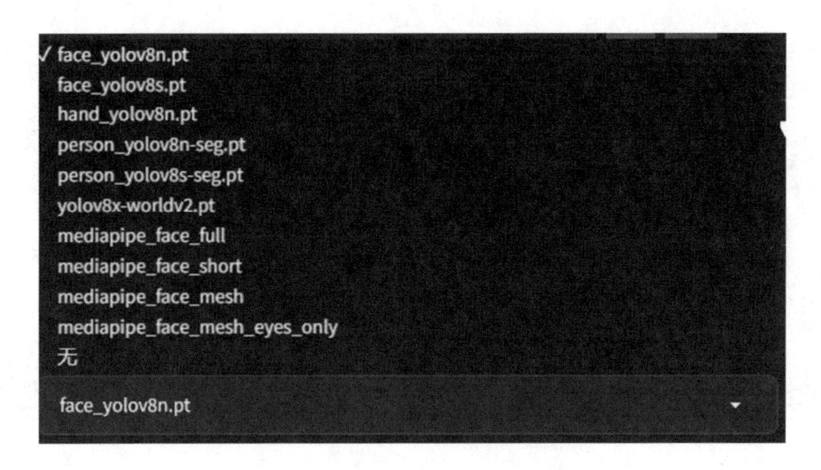

图7-18 ADetailer 常用模型

依据开发团队 ADetailer 可分为 yolov8 和 mediapipe。

依据功能 ADetailer 可分为 hand、face、person，也就是修复手、修复脸和修复全身；world 是提示词选区。

其他区别：“n”是纳米的意思，所以“n”模型比“s”模型更小，速度更快，“s”模型比“n”模型效果更好。

图7-19是 mediapipe 各类模型检测的位置，full 和 short 识别的是五官的定位点；mesh 检测的是面部整个轮廓，涵盖了面部纵深关系；mesh _ eye _ only 则是专门检测眼睛的。

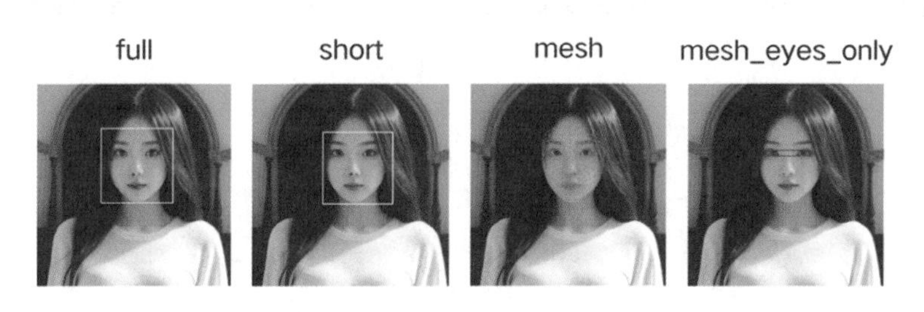

图7-19 mediapipe 模型检测图

注意：如果同时需要修复脸、修复手、修复全身，那么要将修复全身放在单元1，修复脸和修复手放在后面。

（3）提示词：包含正向提示词和反向提示词，有时候为了让人像 LoRA 发挥出更好的效果，可以将 LoRA 字段填写在这里。另外，在执行人脸修复的时候也是可以给情绪提示词的。这样可以控制人物主角的表情和情绪。如图 7－20 所示，这里给了提示词“cry loudly”，大声哭。

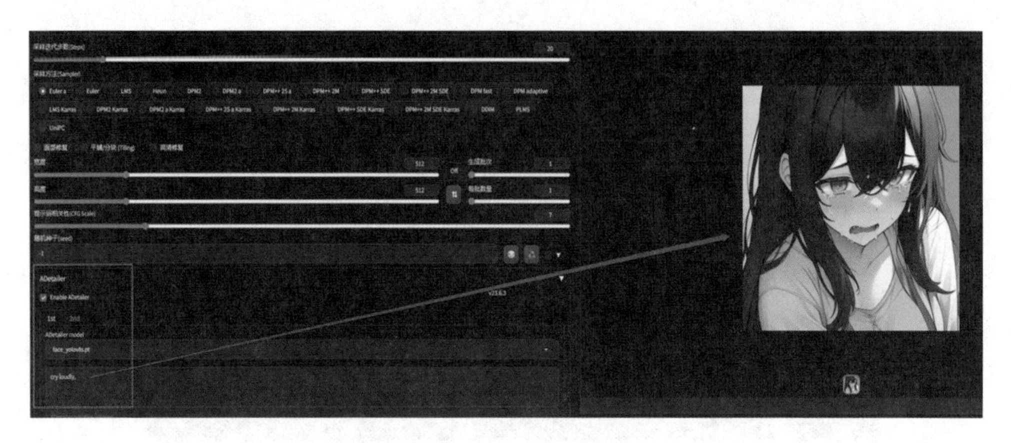

图 7－20　情绪提示词效果

（4）检测：需要注意的是，“检测模型置信阈值”默认是 0.3，如图 7－21 所示。这可以理解为 30%的概率觉得检测位置是需要检测的类型。如果是人脸的话，就相当于 AI 说“我有 30%的把握看到的是人脸”。这个阈值常用来在图像多人的时候调整，以筛选不需要的人脸。

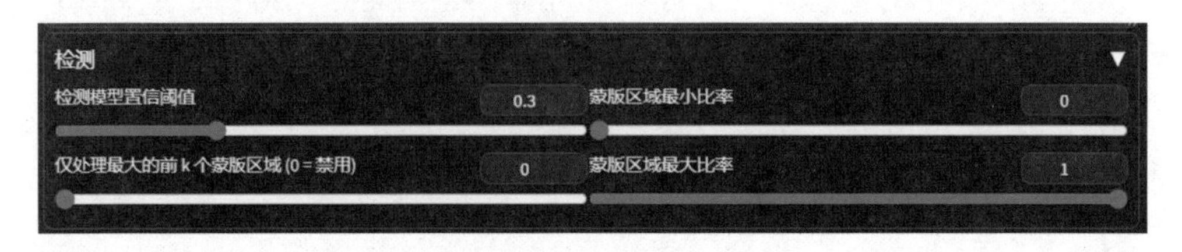

图 7－21　检测

“蒙版区域最小比率”和“蒙版区域最大比率”：定义了要处理的蒙版区域占图像的最小和最大比例后，当检测到的区域小于或大于这个比例时，插件会忽略它，不会对其进行任何处理。这里默认 0 至 1，也就是全图。基本上默认就行，如果图像脸很多，但是你又要特定对某个人脸进行处理，就需要微调这两个参数。

使用场景：如果你只想针对较大的面部或对象进行修复和增强，那么可以设置较大的“蒙版区域最小比率”；如果你需要处理图像中的更多细节，比如细小的面部特征或者小对象，那么可以将“蒙版区域最小比率”设置得较小。

通过调节这两个参数，可以更灵活地控制插件的工作范围，专注于处理认为需要优化的图像部分。

（5）蒙版处理：图 7－22 为蒙版处理的界面。

蒙版处理
蒙版 X 轴 (→) 偏移　0
蒙版图像腐蚀 (-) / 蒙版图像膨胀 (+)　4
蒙版 Y 轴 (↑) 偏移　0
蒙版合并模式
None: do nothing, Merge: merge masks, Merge and Invert: merge all masks and invert
无　融合　合并且反相

图 7－22　蒙版处理的界面

蒙版 X 轴/Y 轴偏移：主要用于调整生成蒙版的位置。具体来说，这两个参数允许在 X 轴（水平）和 Y 轴（垂直）方向上对检测到的蒙版区域进行偏移，灵活地调整蒙版覆盖的位置。

蒙版图像腐蚀/膨胀：就是蒙版边缘羽化的意思，默认即可。

“蒙版合并模式”：当 ADetailer 检测到多个区域需要处理时，它会生成多个蒙版。蒙版合并模式定义了这些蒙版是如何叠加或合并的，以决定最终要应用处理的区域。常见的蒙版合并模式可能包括以下几种：无就是不合并，分开执行；融合就是将所有蒙版合在一起，形成一大块蒙版；合并且反相就是取融合的反向蒙版。

（6）重绘：这里的参数很多，需要注意局部重绘幅度这个参数。当将面部模型放在 ADetailer 正向提示词下时，因为修复面部过程中要实现面部更换，所以重绘幅度调到 0.5～0.7 的实现效果会好一些。

下面展示一下使用 ADetailer 插件配合高分辨率修复的前后效果对比。图 7－23 为未开启 ADetailer 的效果，图 7－24 为开

图 7－23　未开启 ADetailer 的效果

启 ADetailer 和高分辨率修复的效果。

图 7-24　开启 ADetailer 和高分辨率修复的效果

第8章

ControlNet 控制篇

【学习目标】

1. 学习 ControlNet 界面、预处理器及模型；
2. 学习 ControlNet 相关应用案例。

【技能目标】

1. 能说清楚 ControlNet 各个控制维度的差别；
2. 能够熟练运用 ControlNet 插件；
3. 能够使用多单元 ControlNet 创造出独特的工作流。

【素质目标】

1. 从原理到商业实操的学习，锻炼学生学以致用的思维能力；
2. 多单元的熟练运用，锻炼学生的创造力。

【知识串联】

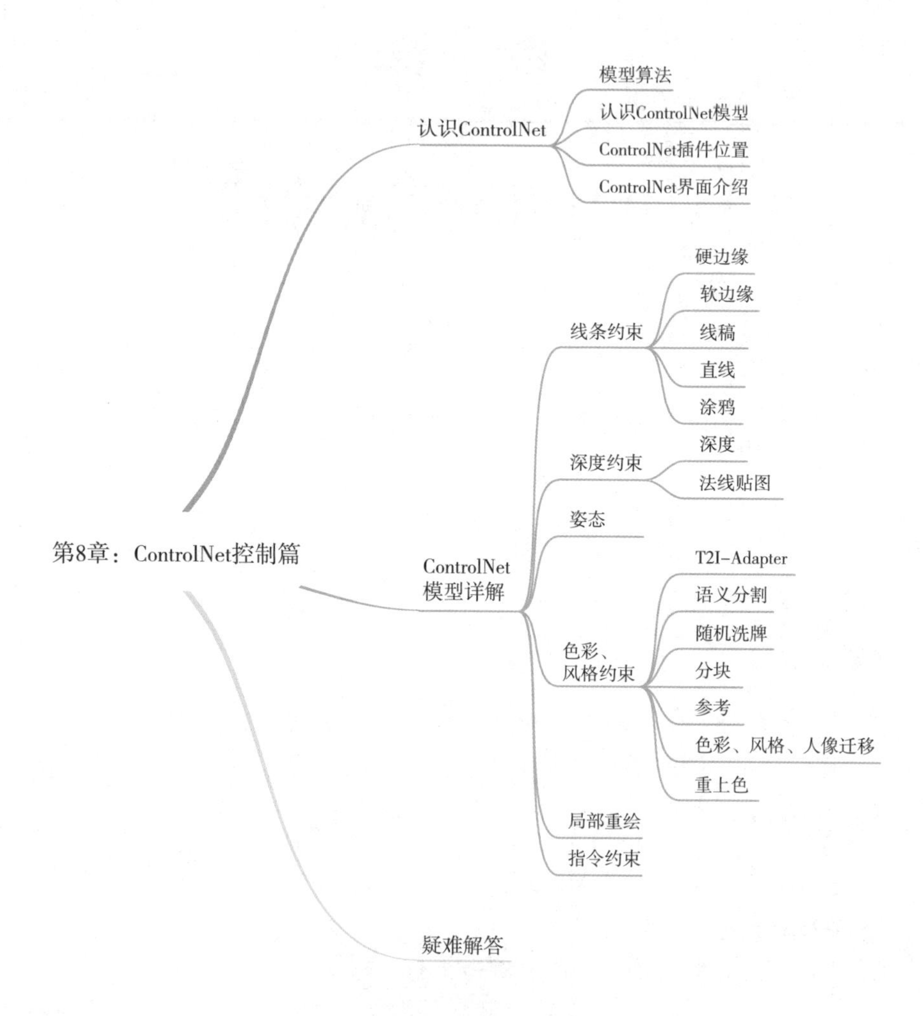

第8章：ControlNet控制篇
认识ControlNet
模型算法
认识ControlNet模型
ControlNet插件位置
ControlNet界面介绍
ControlNet
模型详解
线条约束
硬边缘
软边缘
线稿
直线
涂鸦
深度约束
深度
法线贴图
姿态
色彩、
风格约束
T2I-Adapter
语义分割
随机洗牌
分块
参考
色彩、风格、人像迁移
重上色
局部重绘
指令约束
疑难解答

云课堂

8.1　认识 ControlNet

ControlNet 是条件生成对抗网络（Conditional Generative Adversarial Networks，CGAN）的一种，是 Stable Diffusion 公认最强的插件。ControlNet 的核心思想就是利用输入图像的关键特征来约束生成过程，确保满足创作者对生成结果的预期要求。输入图像的关键特征包含图像的线条、深度关系、姿态、人像、风格、颜色结构、物品空间关系等。这也意味着现在生成图像上不仅有传统的提示词和模型控制图像，还增添了多维度的控制。

8.1.1　模型算法

ControlNet 模型选择上需要与主模型保持算法统一，否则将无法使用。例如，主模型为 XL 算法，那么调用的 ControlNet 模型也应为 XL 算法。

Stable Diffusion 的模型算法主要基于扩散模型（Diffusion Model），尤其是潜在扩散模型（Latent Diffusion Model，LDM）。这些算法有不同的实现方式和版本，并随着技术的迭代而逐步改进。以下是 Stable Diffusion 常见的模型算法及它们之间的区别。

8.1.1.1　Stable Diffusion v1.x（1.4、1.5 等版本）

（1）算法类型：基于潜在扩散模型（LDM），使用扩散过程生成图像。

（2）主要特点如下：

① 潜在空间扩散：在潜在空间中进行噪声扩散和去噪，以提高生成速度和计算效率；

② U-Net 结构：核心神经网络架构是 U-Net，结合了下采样（Encoder）和上采样（Decoder），用于处理潜在空间的图像表示；

③ CLIP 模型：使用 CLIP 模型将文本嵌入空间，与图像潜在空间对齐，从而根据文本提示生成图像；

（3）应用场景：生成艺术图片、创意设计和概念草图等，适合大多数一般的图像生成任务。

8.1.1.2　Stable Diffusion v2.x（2.0 和 2.1）

（1）算法类型：同样基于潜在扩散模型，但进行了多项改进。

（2）主要改进如下：

① 新文本编码器：引入了一个改进的文本编码器，使模型在理解复杂提示词时更加精确，提高了文本到图像的转换效果；

② 采样器更新：在图像生成过程中，改进了采样方法，使得图像生成的速度更快，同时也更具稳定性和一致性；

③ 增强图像细节：生成的图像在细节方面更加丰富，尤其是在高分辨率图像生成上有显著提升；

④ 多种图像处理模式：提供了更多功能，如反向引导（Inverted Guidance），可以生成更加符合用户预期的图像。

（3）应用场景：适合复杂提示词的生成，较为精细和真实的图像生成任务。

8.1.1.3　Stable Diffusion XL（SDXL）

（1）算法类型：Stable Diffusion v2.x 下一代扩散模型，进一步扩展了模型容量和生成能力。

（2）主要改进如下：

① 更大的模型参数：相比之前的版本，SDXL 采用了更大的模型架构，具有更多的参数，从而具备更强的生成能力。

② 多层次的潜在扩散：更复杂的潜在空间表示和更精细的去噪过程，使得图像生成的质量进一步提升，特别是在复杂场景或高分辨率图像生成中表现突出。

③ 改进的文本提示理解：SDXL 在处理复杂提示词和多模态输入时表现出色，生成的图像更加贴合提示内容。

④ 多模态生成能力：可以在文本与图像之间更好地跨模态理解，支持更复杂的语境生成。

（3）应用场景：高分辨率图像、复杂场景生成、电影级艺术设计等，需要极高质量和细节的图像生成任务。

注意：SDXL 模型的使用重点是对运行内存和显存需求高于 Stable Diffusion v1.5 和 Stable Diffusion v2.1，且生成尺寸最好有一个为 1024。另外，SDXL 模型只能和 SDXL 相同算法的模型搭配使用，比如 SDXL 的 VAE 模型、SDXL 的 LoRA 模型和 SDXL 的 ControlNet 模型。

8.1.1.4　模型算法的主要区别

（1）模型参数规模：①SDXL 具有较大的参数规模，能够生成高质量和复杂的图像；②Stable Diffusion v1.x 和 Stable Diffusion v2.x 的模型较为轻量，适合较快速的图像生成任务。

（2）文本提示理解：随着版本的升级，文本提示理解能力逐步增强。SDXL 在处理复杂、多层次提示时较为精确。

（3）图像生成细节：①Stable Diffusion v2.x 和 SDXL 生成的图像在细节、分辨率和复杂性上优于 Stable Diffusion v1.x；②SDXL 在高分辨率生成和细节处理方面表现尤其突出。

（4）生成效率：Stable Diffusion v2. x 和 SDXL 在采样器和优化器的升级下，既保证了质量，又提高了生成速度。

总结：Stable Diffusion 的模型算法随着版本的更新逐步优化，重点在于提升生成质量、增强文本理解能力和提高生成效率。SDXL 作为较先进的版本，能生成较复杂、较精细的图像，而早期版本如 Stable Diffusion v1. 5 则侧重于轻量级、快速生成任务。

8. 1. 2 认识 ControlNet 模型

ControlNet 模型名称拆解如图 8 - 1 所示。

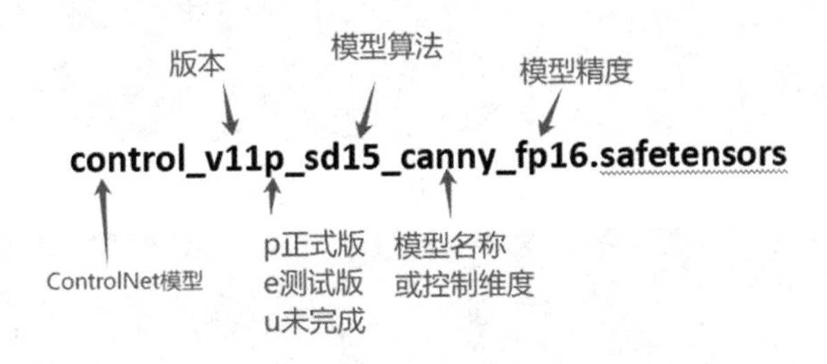

图 8 - 1 ControlNet 模型名称拆解

（1）control：ControlNet 模型。

（2）v11：版本是 1. 1 版本。

（3）p：若这里显示的是 p，则为正式版；若这里显示的是 e，则为测试版；若这里显示的是 u，则为未完成版本。

（4）sd15：Stable Diffusion v1. 5 算法模型。

（5）canny：提示了模型的功能，也可以理解为控制维度。“canny”翻译成中文为“坎尼”，指算法发明者 John F. Canny 的名字。在图像处理领域，Canny 边缘检测算法通常被称为坎尼边缘检测，也称作硬边缘检测。

（6）fp16：模型精度，可能还会见到 fp8 和 fp32，数值越大模型文件越大，精度越高。

（7）safetensors：常见模型的后缀。

8. 1. 3 ControlNet 插件位置

如图 8 - 2 所示，ControlNet 插件位于左下角靠中间的位置。

8. 1. 4 ControlNet 界面介绍

ControlNet 插件界面如图 8 - 3 所示。

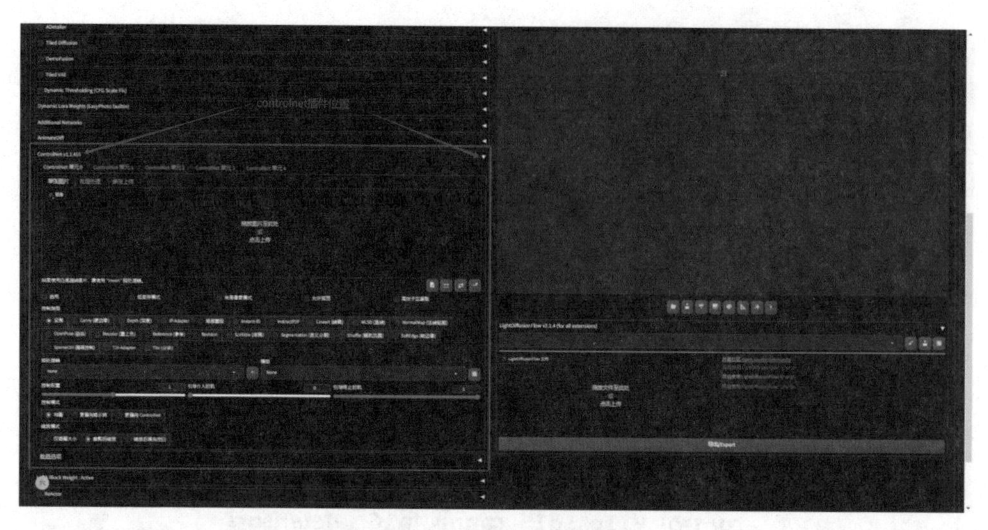

图 8-2　ControlNet 插件位置

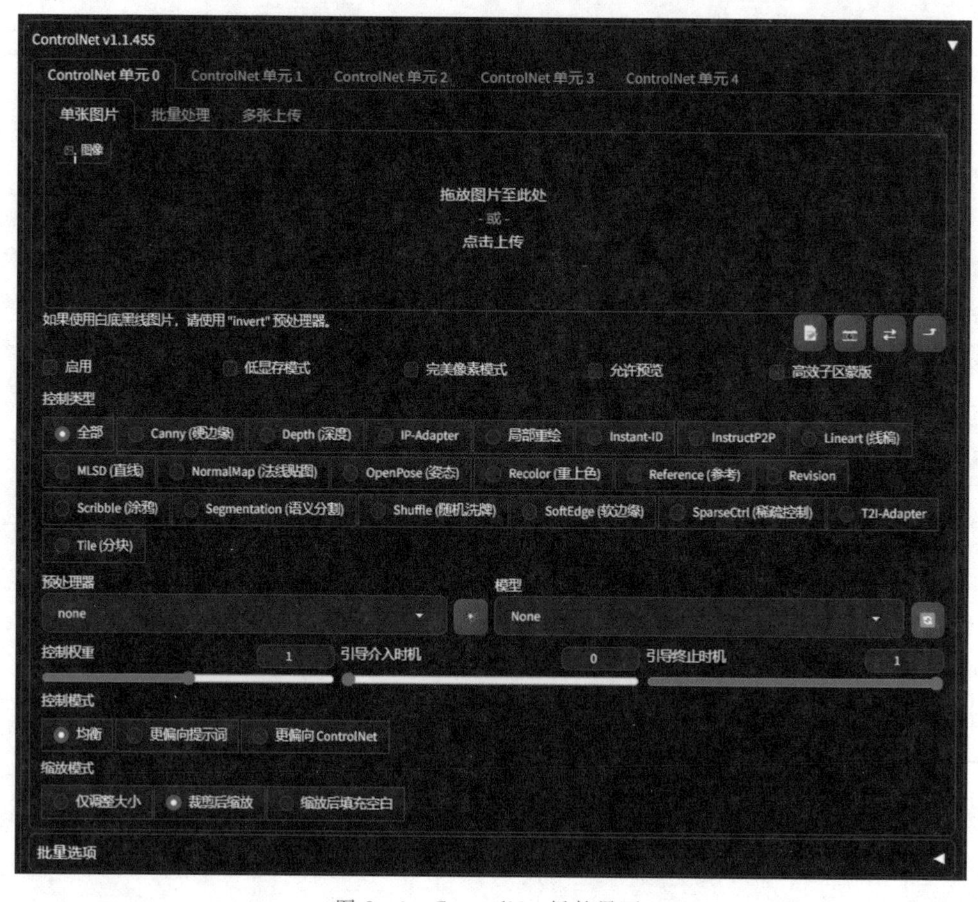

图 8-3　ControlNet 插件界面

（1）单元：控制同时调用的 ControlNet 的数量，如图 8－4 所示。以后熟练使用 ControlNet 后会经常需要调用多个 ControlNet，可在设置里面增加 ControlNet 单元数量。修改单元数量后需要重启才能生效。

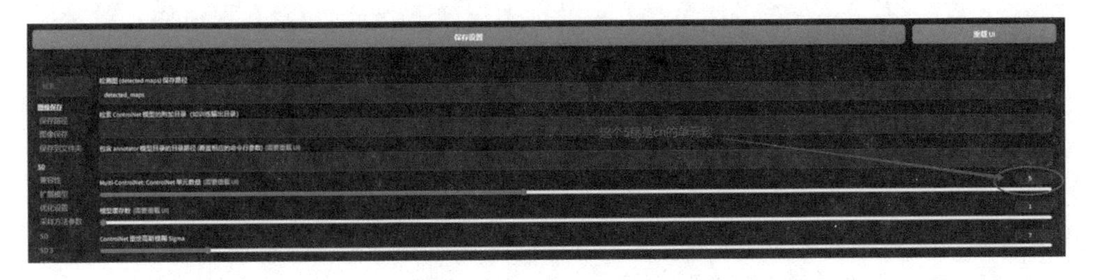

图 8－4　ControlNet 单元数量设置

（2）图像采集模块：包含上传图像、预览图像和高效子区蒙版（这个功能极少使用），如图 8－5 所示。

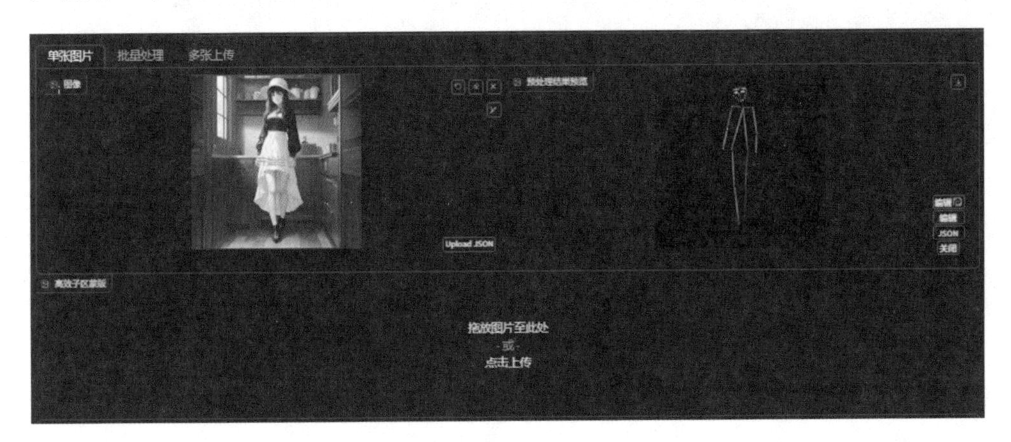

图 8－5　图像采集模块

①“批量处理”：可以读取多个图像特征，并生成多张图像，需要读取图像文件夹路径。

②“多张上传”：可以读取多个图像特征，并生成多张图像，直接给图片。

（3）功能与快捷功能：常用功能键如图 8－6 所示。

图 8－6　常用功能键

① “启用”：调用 ControlNet 的意思。

② “低显存模式”：每调用一个 ControlNet 都会增加显存占用。如果显卡显存不够用，那么虽然可以开启，但是会降低生成速度。

③ “完美像素模式”：自动调节预处理图像像素（尺寸），常规使用场景都是开着的，也可以关闭，手动调整。

④ “允许预览”：勾选后会多出来一个图像预览框，展示预处理器处理后的图像。

⑤ “高效子区蒙版”：用处不大的功能。

⑥ 如图 8－6 所示，右上角 4 个图标的功能依次是创建空白画布、读取摄像头捕捉画面、镜像网络摄像头和向上面发送采样图像尺寸，前三个功能基本不用，最后一个功能经常使用。

（4）控制类型：如图 8－7 所示，控制类型共有 20 个，也就是说可以控制的维度有 20 个。图 8－7 展示的是个快捷的选择区域，以便于我们更快地找到需要选择的预处理器和 ControlNet 模型。

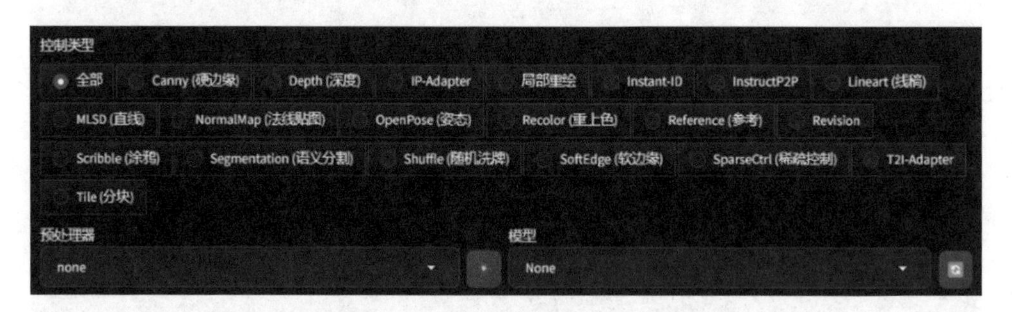

图 8－7　控制类型

需要注意的是，红色的爆炸图标是显示预处理器预处理后的预览图。图 8－8 为预处理后效果。

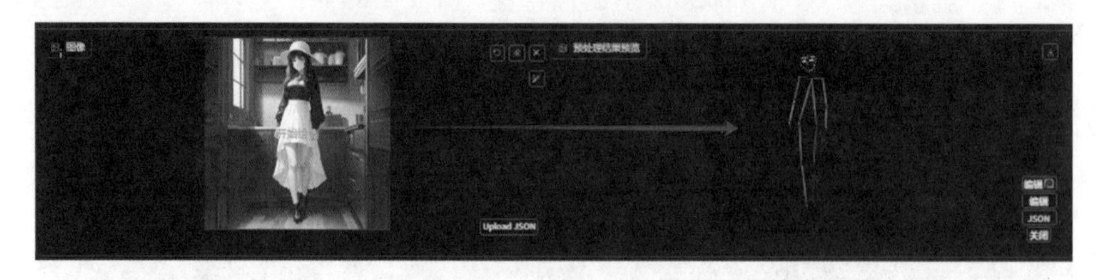

图 8－8　预处理后效果

① “预处理器”：下拉条可以选择不同的预处理器，其可以提取采样图像的特定信息，用于后续给 ControlNet 模型参考，对生成图像起到正向干扰或控制。

②“模型”：ControlNet 的模型选择。模型与预处理器有一定的对应关系。例如，pose 预处理的骨骼图，只能选择 pose 的 ControlNet 模型配合生图，如图 8－9 所示。

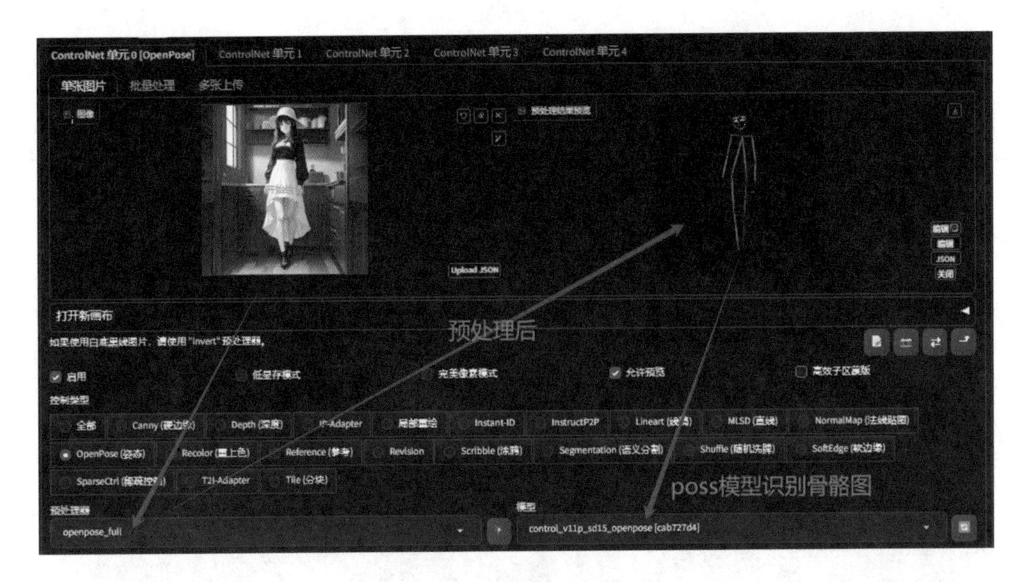

图 8－9　预处理器与模型

（5）其他参数，如图 8－10 所示。

图 8－10　其他参数

①“控制权重”：控制 ControlNet 提取的图像信息对生成图像引导的强度，每个控制模型最优权重可能不一样，需要使用 X/Y/Z plot 脚本进行测试。

②“引导介入时机”和“引导终止时机”：这个 0～1 就是针对迭代步数来的。例如，迭代步数为 40、介入时机为 0.2、终止时机为 0.8 的意思就是第 8～32 步生成有 ControlNet 介入，如图 8－11 所示。

③“Resolution”：当不勾选完美像素模式时，“Resolution”会显示为状态条，用于手动调节预处理后图像的分辨率，状态条越往左越小、越往右越大。

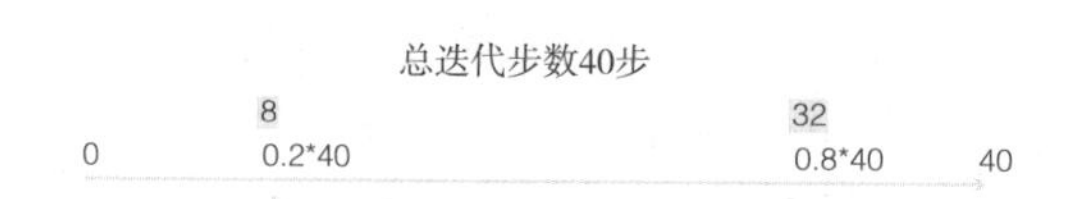

图 8-11　引导时机

④“控制模式”：包含了均衡、更偏向提示词和更偏向 ControlNet。当提示词影响与 ControlNet 影响出现不一致时，更倾向于哪方面控制的选项，常规使用就是均衡。其实均衡值在实际测试的表现相当于 70%偏重于 ControlNet，并不是我们常规理解的 50%。

⑤“缩放模式”：包含了仅调整大小、裁剪后缩放和缩放后填充空白。这里引用了 Tile 模型，所以画面内容会有所变化。

“仅调整大小”：当生成图像与采样图像大小不一样时，会对图像进行拉伸或者压缩，如图 8-12 所示。

图 8-12　勾选“仅调整大小”后效果

“裁剪后缩放”：当生成图像与采样图像大小不一样时，会对图像裁剪或缩放，如图 8-13 所示。

图 8-13　勾选“裁剪后缩放”后效果

“缩放后填充空白”：当生成图像与采样图像大小不一样时，会对图像进行扩图，如图 8－14 所示。

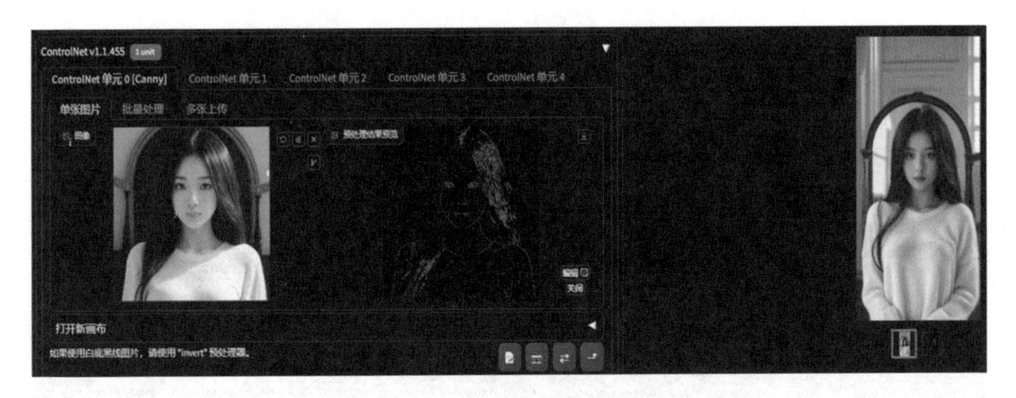

图 8－14 勾选“缩放后填充空白”后效果

8.2 ControlNet 模型详解

从前文的学习内容中我们知道，ControlNet 有很多控制维度，接下来我们将一一讲解它们的功能。

8.2.1 线条约束

线条约束就是根据上传图像的线条特征，控制生成图像的生成过程。

8.2.1.1 硬边缘

硬边缘（Canny）模型的提取效果类似于铅笔进行的边缘提取。其适合生成棱角清晰的图片，属于强线条控制类型。其先读取线稿，再将线稿渲染成实际的图像。

预处理器的选择：如图 8－15 所示，切换主模型为二次元，读取三次元图像线稿进行生成，对比不同预处理器的生成结果。如果上传图像为正常图像，那么 canny 预处理器提取的图像为正常图像，invert 反色模式预处理器不适合常规应用场景。如图 8－16 所示，如果上传图像为线稿图像，那么 invert 反色模式下的图像更优秀。综上所述，硬边缘控制选择 canny 预处理器，线稿图选择 invert 反色模式预处理器，真实图选择 canny 预处理器。

8.2.1.2 软边缘

软边缘（SoftEdge）模型的提取效果类似于毛笔进行的边缘提取。其适合生成边缘更柔且细节更多的图片，属于中等强度的线条控制类型。其先读取线稿，再将线稿渲染成实际的图像。软边缘在毛发线条生成上有优秀的表现。

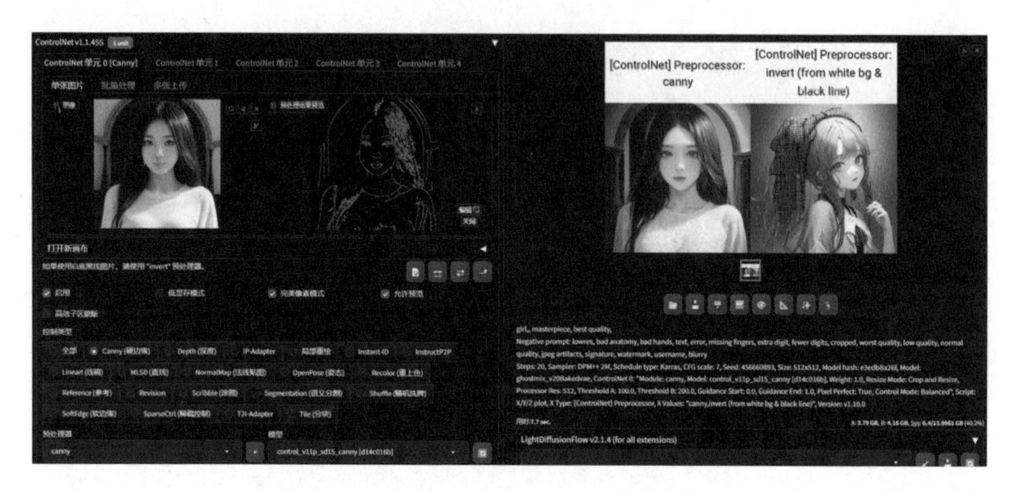

图 8－15　不同预处理器 Canny 模型测试图（1）

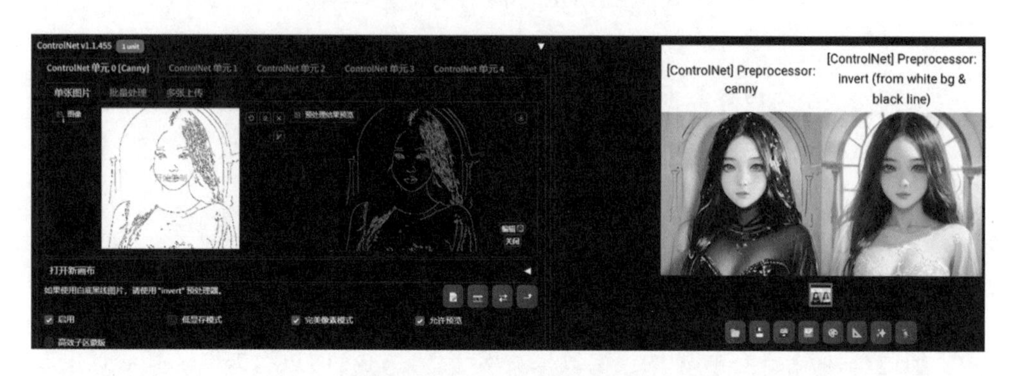

图 8－16　不同预处理器 Canny 模型测试图（2）

预处理器的选择：软边缘模型提取的线稿和 Canny 模型提取的线稿有明显的差别。如图 8－17 所示，实测同为 SoftEdge 模型，因此效果差别不太大。具体使用需根据创作者对图像细节的需求再做细分选择，可以通过头发的分明程度、丝滑程度来辨别软硬程度。从图 8－17 可以看到，第一张最软，最后一张最硬。

图 8－18 展示了 SoftEdge 模型预处理后的图像效果，左边为 hed 预处理器的效果，右边为 pidisafe 预处理器的效果。

8.2.1.3　线稿

线稿（Lineart）模型是于 Canny 模型与 SoftEdge 模型之后推出来的新线稿模型。

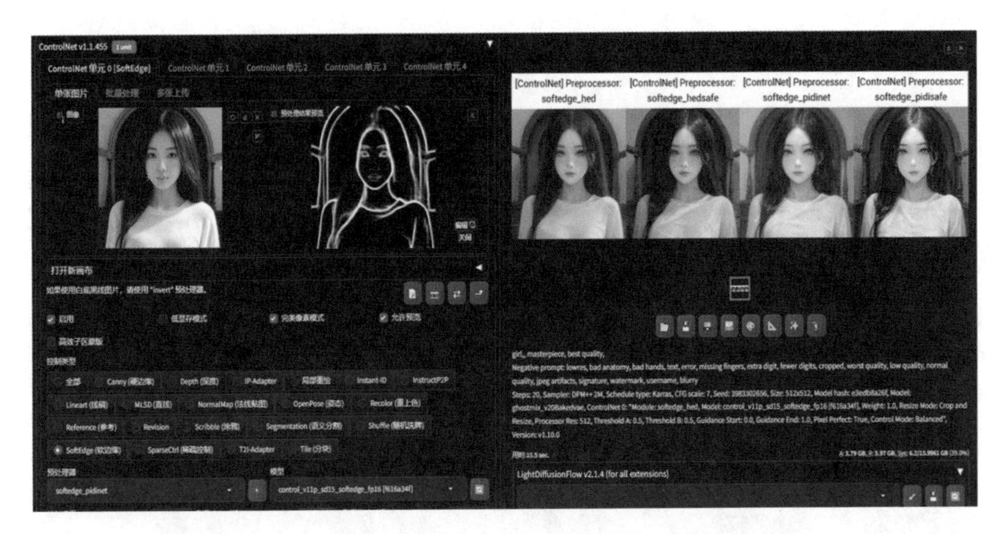

图 8 - 17　不同预处理器 SoftEdge 模型测试图

图 8 - 18　SoftEdge 模型预处理后的图像效果

Canny 模型提取的线稿有时候过于硬，有时候会出现一根粗线提出来双重线条的问题。SoftEdge 模型提取的线稿有时候过于轻，控制力不够，有时候会出现毛发糊一块儿的情况。所以就推出了 Lineart 模型，其算是通用线稿模型。

预处理器的选择：如图 8 - 19 所示，整个图像为上下对应关系，中间为选用的预处理器。前两个主要是针对动漫线稿提取，第二个会去除更多的噪点。需要注意的是，第二张图胸前由于去除了更多的噪点，也就是去除了更多的固定线条特征，这样给 AI 更多发挥的空间，因此生成了一件新的款式衣服。总之，若需要多创意则少给线，若需要固定多特征则多给线。第三个和第四个主要是针对真实线稿提取，第三个比第四个会稍微粗略一点。第五个不适合正常图像使用，更适合白底黑线的线稿图，得到的是反色模型的效果。

图 8-19 不同预处理器 Lineart 模型测试图

8.2.1.4 直线

在做建筑及室内设计时，若需要读取图像中的更多直线，而忽略人物、植物和动物，就需要使用直线（MLSD）模型。

如图 8-20 和 8-21 所示，Lineart 明显读取了过多的人，这会对设计造成干扰。相比之下 MLSD 模型读取的线稿更适合设计需求。

图 8-20 Lineart 模型预处理后的图像效果

同样也可以直接上传线稿图，使用线稿专用的反色模式，再使用 MLSD 模型生成新的图像，如图 8－22 所示。

图 8－21　MLSD 模型预处理后的图像效果

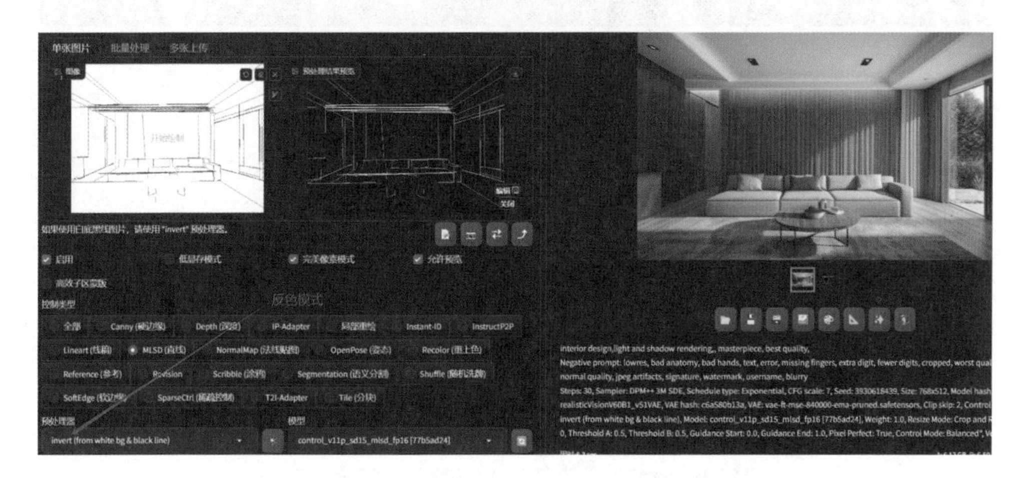

图 8－22　MLSD 线稿反色模式

其他参数如图 8－23 所示。红框中的两个状态条是控制预处理图像线条稀疏程度的，越往左线条越密集，越往右线条越稀疏。

图 8－23　其他参数

预处理器的选择：这里只有两个预处理器，线稿就选反色模式，非线稿就选择 MLSD 模型。

8.2.1.5　涂鸦

涂鸦（Scribble）模型相比其他模型提取线稿会更加粗糙，这样给画面的发挥空间也就更大，从而产生更多创意，如图 8-24 所示。

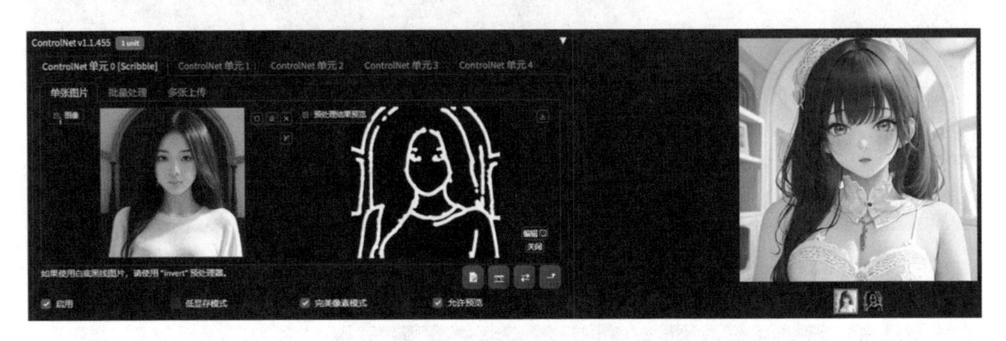

图 8-24　Scribble 模型

预处理器的选择：同样我们对比一下，不同预处理器的涂鸦效果，如图 8-25 所示。从图 8-25 可以看到，前面两个预处理器整体相差不大，主要是嘴巴的线条读取差别。

图 8-25　不同预处理器 Scribble 模型测试图

需要注意的是，最后一个 xdog 预处理器会多出来一个设置条，如图 8-26 所示。“Resolution” 是控制预处理器处理后图像分辨率的。“XDog Threshold” 则是专门控制线条细密度的，越往左线条越密，越往右线条越稀疏。图 8-27 和图 8-28 展示了 “XDog Threshold” 设置为 10 和 40 时的效果对比。当 “XDog

Threshold”设置的足够小时，其 Lineart 模型效果就跟 Canny 模型等相似，也就起不到更多创意的效果了。

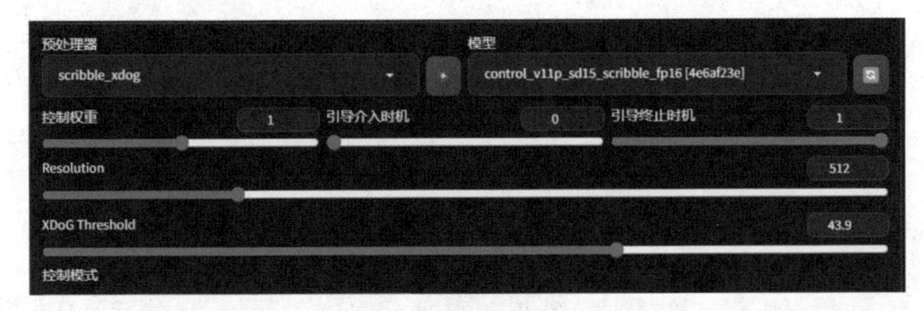

图 8 - 26　涂鸦参数

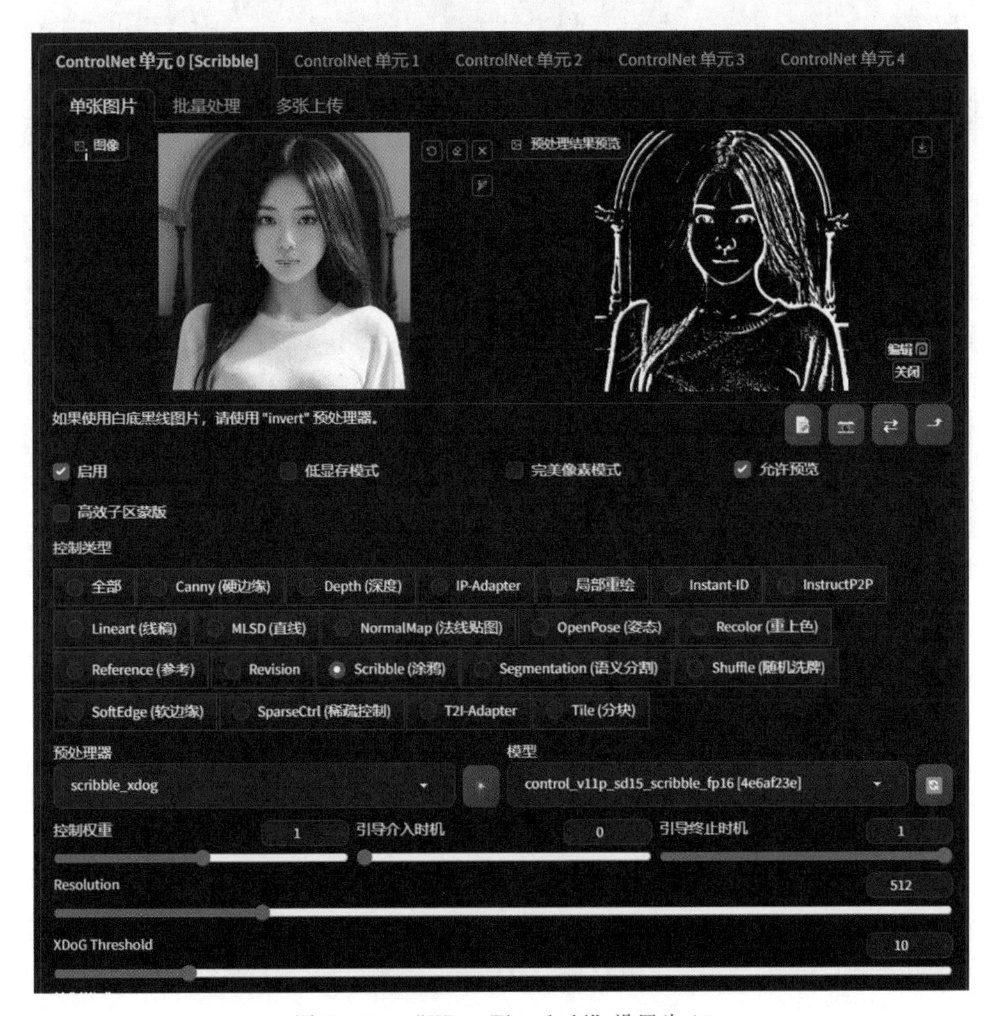

图 8 - 27　“XDog Threshold”设置为 10

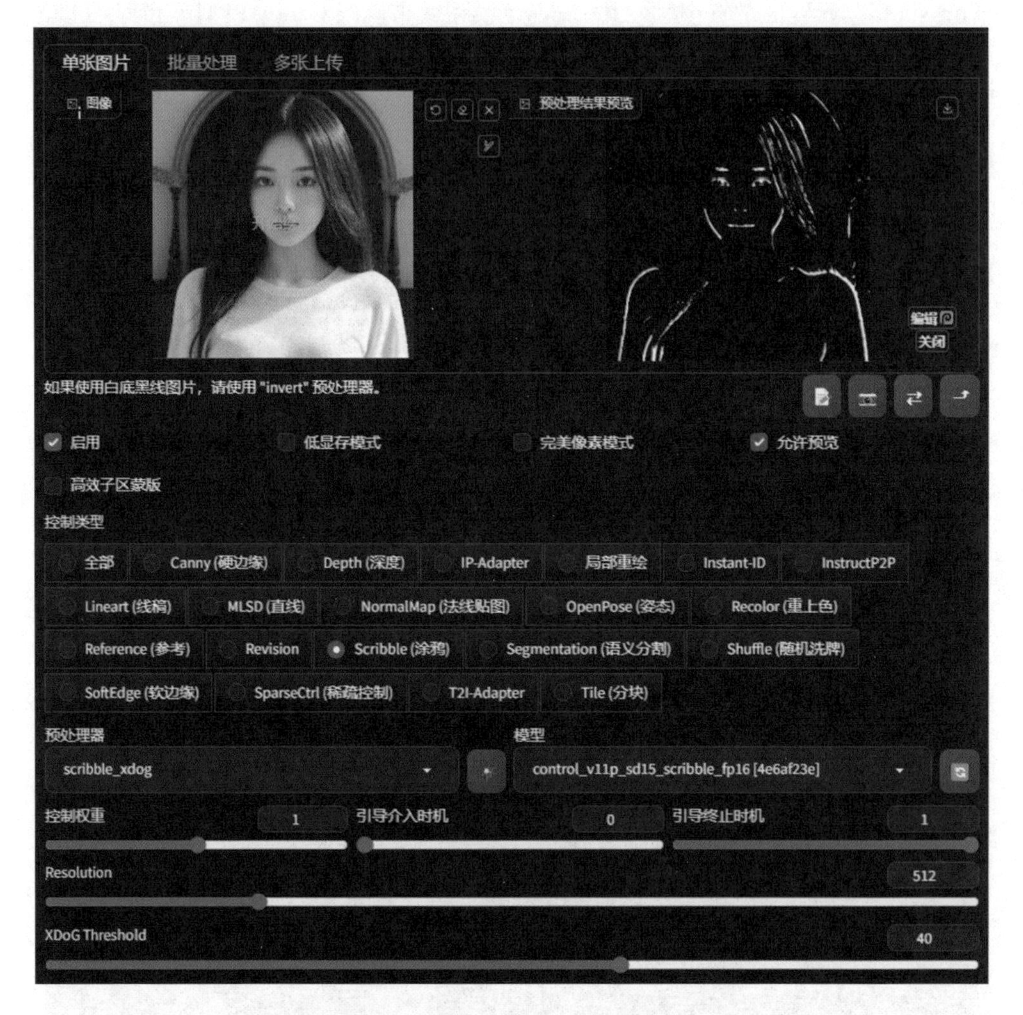

图 8 - 28　“XDog Threshold”设置为 40

8.2.2　深度约束

深度约束就是根据上传图像的深度特征、图像元素的纵深关系，控制生成图像的生成过程。

8.2.2.1　深度

深度（Depth）是一个全新的控制模型。如图 8 - 29 所示，我们想象一下奥特曼释放技能的手，线稿、姿态都不能很好地反映左右手的前后关系，但是最后一个深度图则可以。深度图的颜色越白越靠前，颜色越暗越靠后，它胸前的能量指示器也能通过深度图知道是凸出来的效果。

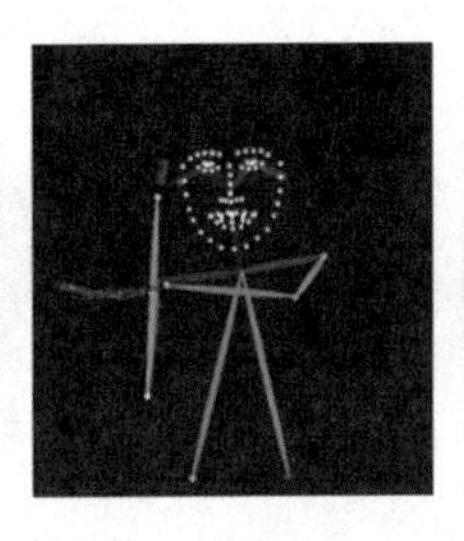
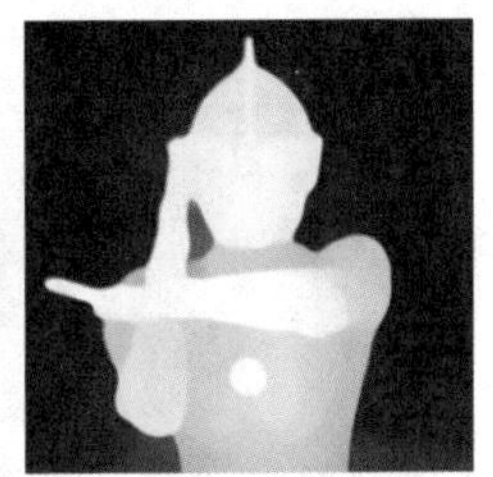

图 8 - 29　原图、线稿、姿态、深度图

预处理器的选择：同样我们对比一下，不同预处理器的深度约束效果，图 8 - 30为原图，图 8 - 31 为测试图。

图 8 - 30　原图

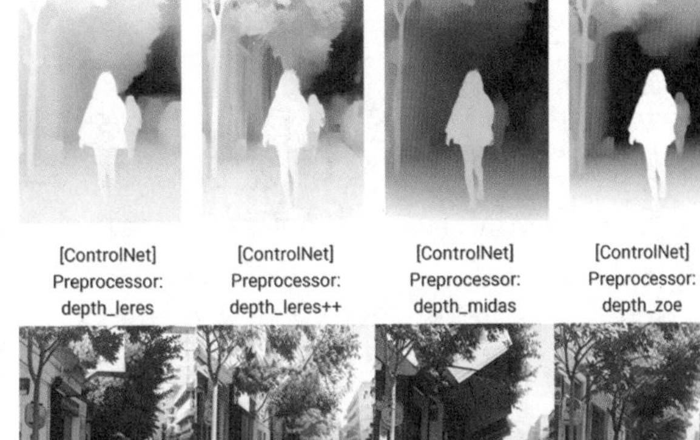

图 8 - 31　不同预处理器深度约束测试图

四个预处理器的区别主要在于对物体深度关系提取的程度不同。前面两个加深了对背景的提取，而且第二个比第一个提取的内容更多（更细），“++”符号可理解为升级版；第三个和第四个很相似，都是增加了明暗对比度，以及主体与背景的对比度，这样更凸显画面主体。

前文已经学习了两个维度的控制：线稿和深度。从前面的内容中可知，ControlNet 是可以调用多个单元的，所以在生成图像的时候可以同时控制物体的多个维度，从而实现 3D 效果的复刻。如图 8 - 32 所示，这里展示了单 Lineart 控制、单 Depth 控制及合体控制后的效果。从图 8 - 32 可以看到，双维度的控制对 3D 效果的还原更好，最后再加上“五颜六色的头发，五颜六色的衣服”提示词就生成了 4 张新的图像。

图 8－32 双单元控制

多维度控制排列组合实在太多，后面将不再一一讲解，在实践中不断创新组合就可以实现惊叹的效果。

8.2.2.2 法线贴图

法线贴图（NormalMap）也是一个深度约束的模型。NormalMap 与 Depth 的主要区别：Depth 在空间上表现优秀，如教室课桌椅的关系、外景人物和背景的关系；NormalMap 在物体表面纹理上表现优秀，如穿戴的玉佩、浮雕，以及有些建筑外墙的瓷砖。

NormalMap 的预处理图像特征（见图 8－33）是一个彩色的类似浮雕的效果。

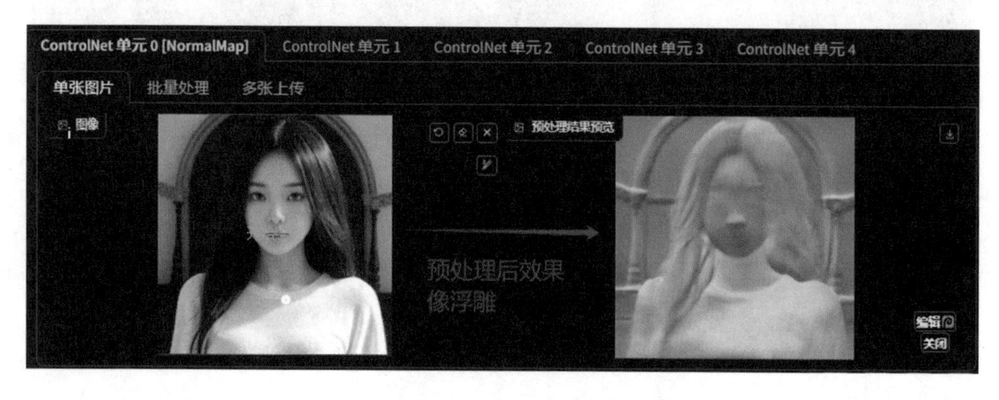

图 8－33 NormalMap 的预处理图像特征

预处理器的选择：在实际测试中，normal _ bae 较好用，另外两个效果一般，因此预处理器选用 normal _ bae 即可。

结合之前我们学习的知识，利用 NormalMap 也可以实现将毛坯房直接生成装修好的效果图，如图 8－34 所示。

图 8 - 34　NormalMap 实际应用演示

➢ 提示词：interior design，（couch），television，curtains，glass window，carpet，coffee table。提示词写画面内容，需要增添的家具，以及画面和装修风格等。

➢ 控制类型：NormalMap（法线贴图）。

➢ 控制权重：0.4。控制权重越高框架控制越严格，但控制权重太高会忽视提示词。

➢ 引导介入时机：0。

➢ 引导终止时机：0.4。

➢ 控制模式：更偏向提示词。这个选项更有利于将家具摆进画面中去。

8.2.3　姿态

姿态（OpenPose）就是根据上传图像的骨骼姿态特征，控制生成图像的生成过程。

在 Stable Diffusion 的常规使用中，可以通过提示词生成一个特定姿态动作，但是在实际生成中，若遇到较为复杂的姿态，则提示词就无法解释清楚了。这时就需要使用姿态（OpenPose）功能了。

如图 8 - 35 所示，两个人在一起的姿态，若给的提示词为两个抱在一起的姿态，那可生成的图像就太多了。借用姿态功能可以读取图像的姿态图，如图 8 - 36所示。在 Stable Diffusion 中生成一张新的图像，其人物姿态保持与左图一致。注意：姿态图也经常被叫作骨骼图、pose 图。

图 8-35 原图

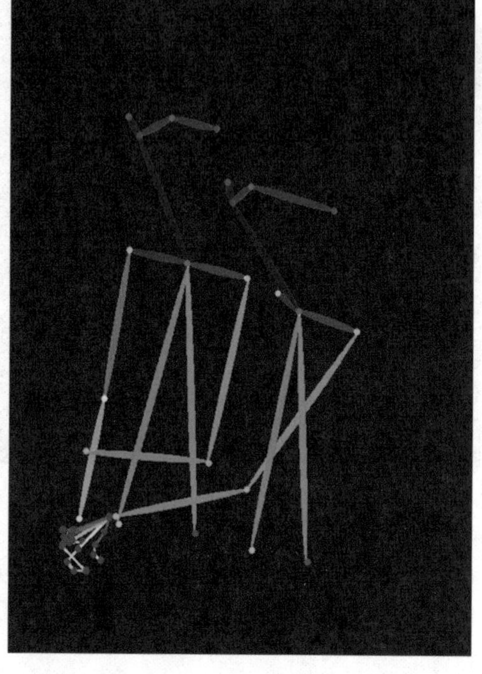

图 8-36 姿态图

功能展示：如图 8-37 所示，读取了原图的姿态，然后生成了新的图像。

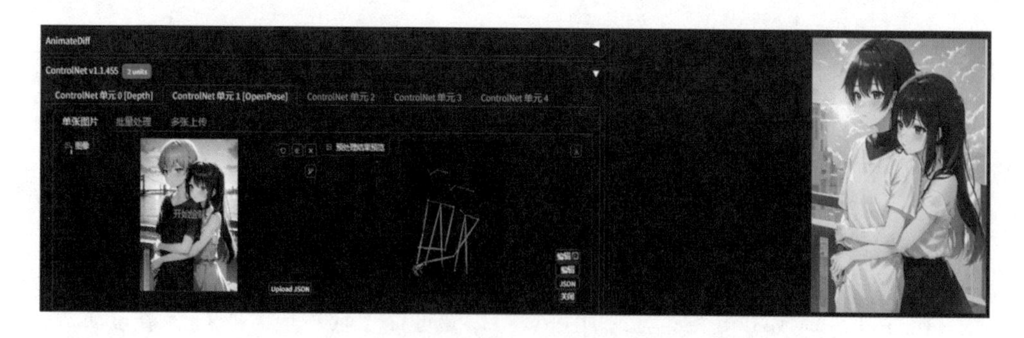

图 8-37 功能展示

同样，我们也可以修改识别后的姿态图，让他们的姿态做一些新的变化。如图 8-38 所示，生成姿态图后，点击“编辑”，然后拖动骨骼位置，创建一个新的姿态图。如图 8-39 所示，将编辑后的图像发送到 ControlNet 即可。从图 8-40 的生成结果可以看到，女孩的手按照修改后新的骨骼位置生成了。

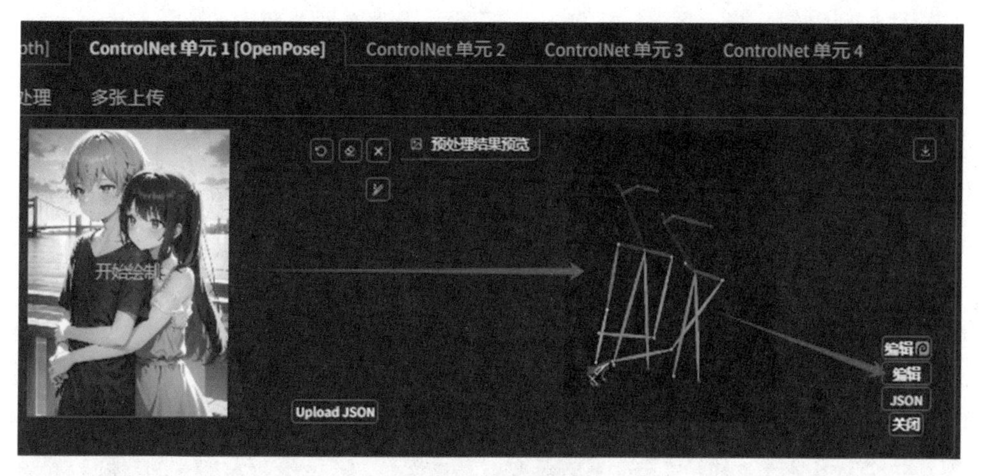

图 8 - 38　编辑姿态图

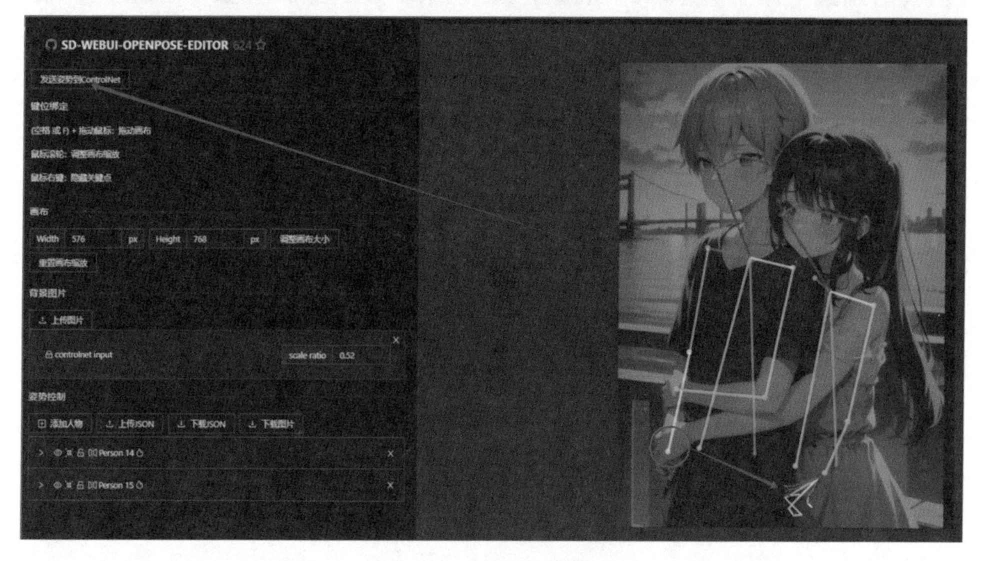

图 8 - 39　姿态编辑界面

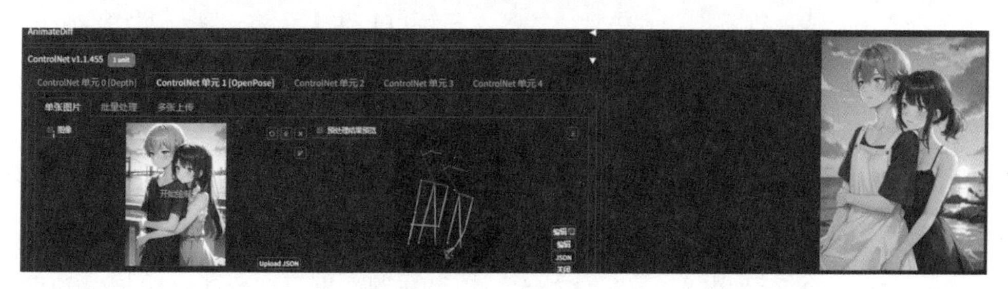

图 8 - 40　生成结果

预处理器的选择：图 8-41 展示了不同预处理器预处理后的 OpenPose 生成效果。

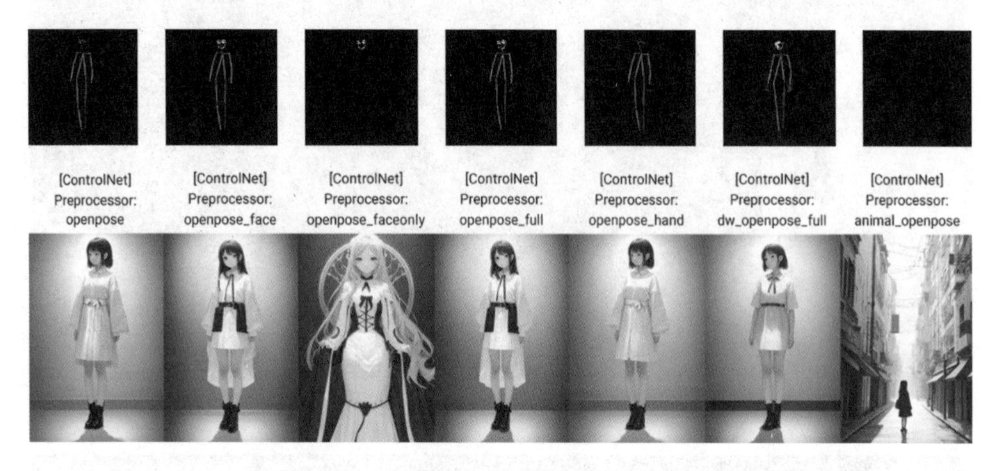

图 8-41　不同预处理器 OpenPose 测试图

按照如下顺序总结：全身；全身＋脸；只有脸；全身＋脸＋手；全身＋手；全身＋手＋脸（甚至脸和朝向）；动物姿态，如奇怪姿态的动物、外星人等，动物姿态的识别看起来就比较抽象了，如图 8-42 所示。

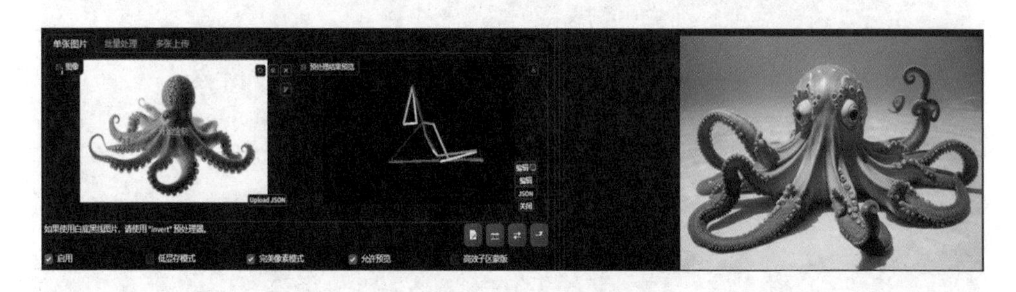

图 8-42　动物姿态检测

除了以上读取现有图像姿态的方式外，还可以直接上传姿态图。制作姿态的两个常用插件：OpenPose 编辑器和 3D 骨架模型编辑（3D OpenPose），如图 8-43 和8-44所示。这些从图像读取到的二维、三维的姿态都是可以再调整，然后上传给 ControlNet 来进行控制的。

注意：如果上传的图像本身就是已经处理好的姿态图，那么在使用时，“预处理器”应该选择“none”，如图 8-45 所示。

姿态功能的额外用法：通过控制姿态图像在画布的大小，生成不同景别的图，在编辑姿态时可以缩小人物骨骼图从而实现如图 8-46 所示的效果。

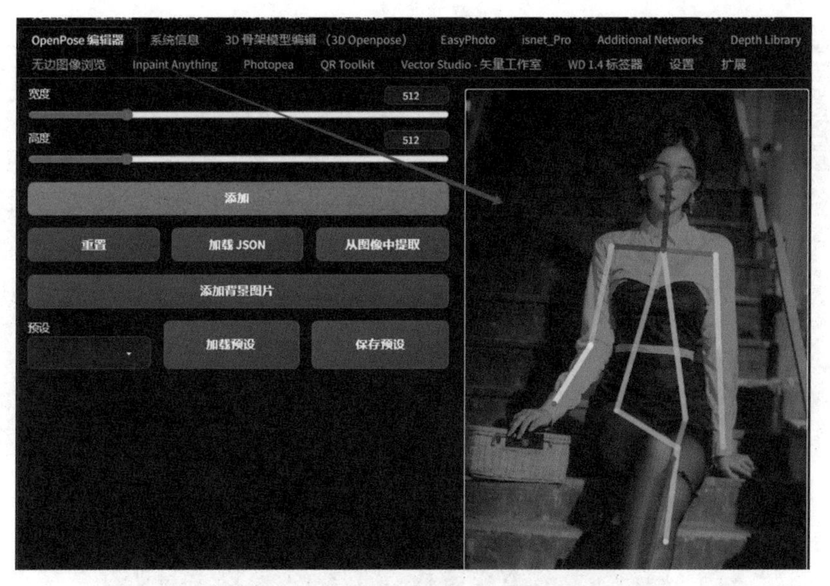

图 8－43　OpenPose 编辑器

图 8－44　3D OpenPose

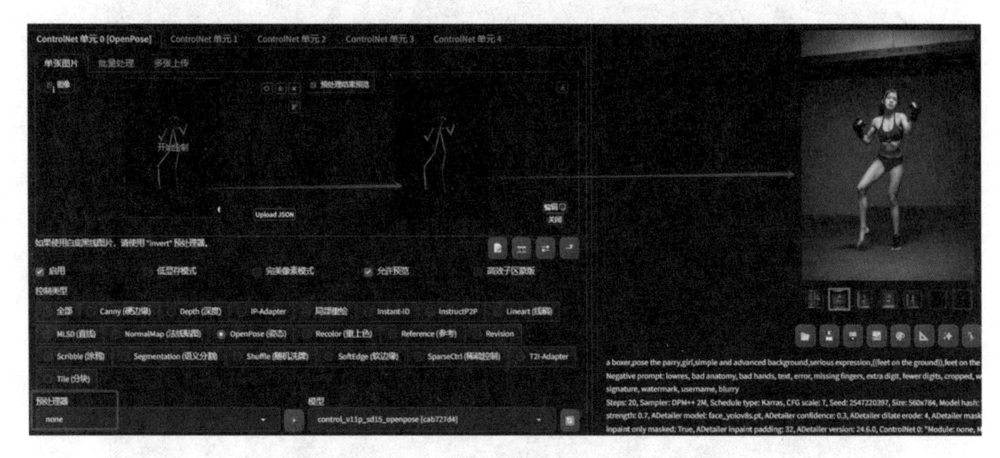

图 8－45　直接引用姿态图

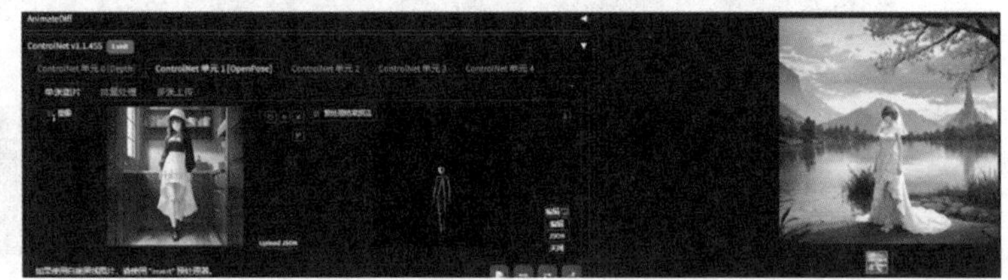

图 8－46　姿态功能的额外用法

8.2.4　色彩、风格约束

色彩、风格约束就是根据上传图像的色彩分布特征、风格特征，控制生成图像的生成过程。

8.2.4.1　T2I－Adapter

T2I－Adapter（色彩、风格约束）是由腾讯开发的，这是个特殊的功能，其有三个预处理器（见图 8－47），并对应有三个模型（见图 8－48），其功能如下。

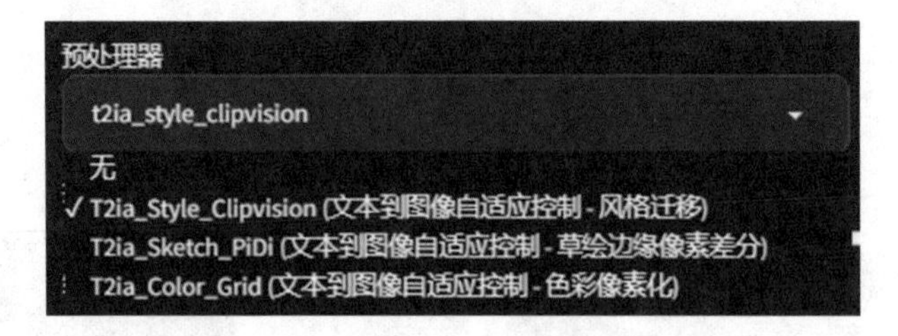

图 8－47　预处理器

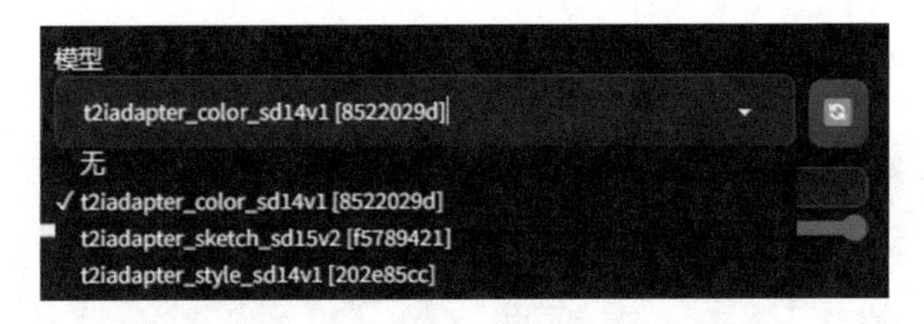

图 8－48　模型

（1）style：风格迁移。

（2）color：色彩迁移。

（3）sketch：风格＋线稿迁移。

注意：左边选择了什么类型的预处理器右边就必须选择对应的模型。

第一个功能：style，风格约束。上传一张梵高画的图像，预处理器和模型均选择 style，无须任何提示词即可生成梵高画风的新的图像，如图 8－49 所示。

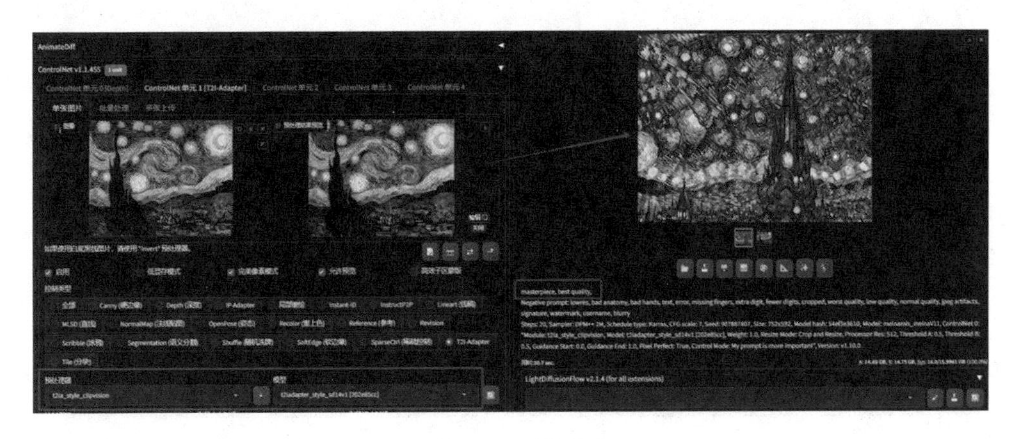

图 8－49　风格约束

第二个功能：color，色彩约束。同样，上传一张梵高画的图像，预处理器和模型均选择 color，填上提示词 “girl”，它会先补充噪点，让这个图像变得迷糊，但是并不改变图像颜色分布，而是形成一个个色块，然后基于色块的颜色分布，再参考提示词生成新的图像，如图 8－50 所示。

上传一张色彩分布图，预处理器和模型均选择 color，只要调整 ControlNet 的控制权重就可以控制自己想要的效果。图 5－51 展示了 ControlNet 的控制权重为 0.2～1.2 时的生成结果。

第三个功能：sketch，风格＋线稿迁移。如图 8－52 和图 8－53 所示，这个模式会读取上传图像的风格，如这里的 3DQ 版手办的风格，还会读取线稿，然后生成一张新的图像，即使引用了风格冲突的模型，对生成结果也没有太大影响，最终生成结果都引用了原图的线稿和风格特征。

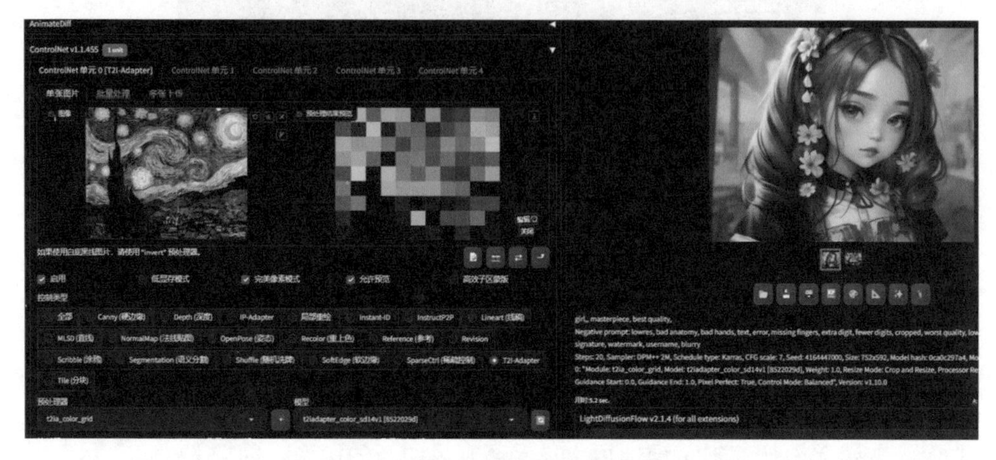

图 8 - 50　色彩约束

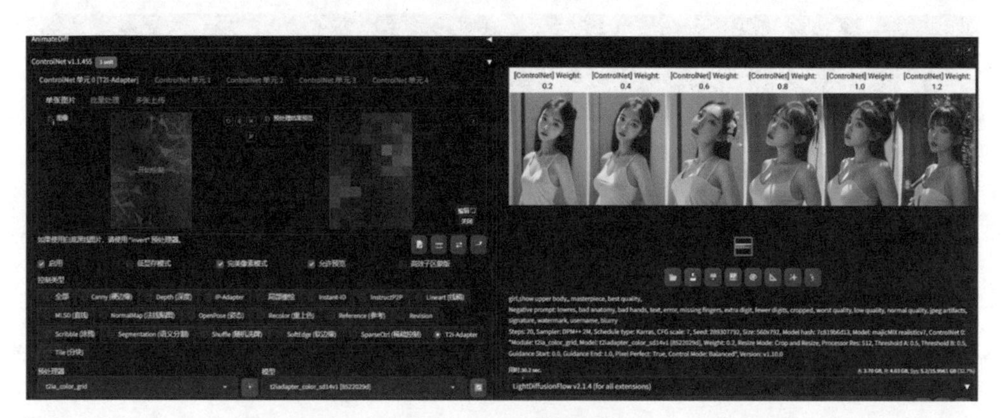

图 8 - 51　色彩图控制

图 8 - 52　2.5D 主模型生成图

图 8－53　真人主模型生成图

8.2.4.2　语义分割

语义分割（Segmentation）：色彩-空间位置关系。

我们回忆一下，之前学习的毛坯房，通过 NormalMap 变成了渲染后的装修房子，确实很美观，但是需要抽卡（多次生成）。我们通过 NormalMap 给了空间框架，通过提示词给了这个框架内部的物品，但是物品会随机摆放，如茶几、沙发和电视机的位置是按照 AI 理解应该摆放的位置去摆放的。接下来学习的 Segmentation就是来控制物品摆放位置的，如图 8－54 所示。

图 8－54　语义分割

上传一张实景图后，在预处理过程中，Segmentation 会给每个物品识别一个颜色，比如沙发的蓝色，理解为“蓝色＝沙发”，这样在 Segmentation 模型再次对这张色块图进行生成的时候就知道这个地方要生成一个沙发，有点分块提示词功能的意思。

预处理器标注的颜色对应物品有严格的 RGB 颜色值，图 8　55 展示了部分对应关系，本书的附录有完整的表格。

	（120，120，120）	#787878	wall	墙壁
	（180，120，120）	#B47878	building	建筑物大厦
	（6，230，230）	#06E6E6	sky	天
	（80，50，50）	#503232	floor	地板
	（4，200，3）	#04C803	tree	树
	（120，120，80）	#787850	ceiling	天花板
	（140，140，140）	#8C8C8C	road；route	路；路线
	（204，5，255）	#CC05FF	bed	床
	（230，230，230）	#E6E6E6	windowpane；window	窗玻璃；窗

图 8－55　语义分割对照表

通过这个逻辑，我们也可以在 Photoshop 上，完全用颜色涂抹一个色块图，把想要生成的物品写在提示词中，并使用它该有的 RGB 颜色涂抹需要摆放的位置，“预处理器”选择“none”，然后即可根据这张图生成一张想象中的室内效果图，如图 8－56 所示。

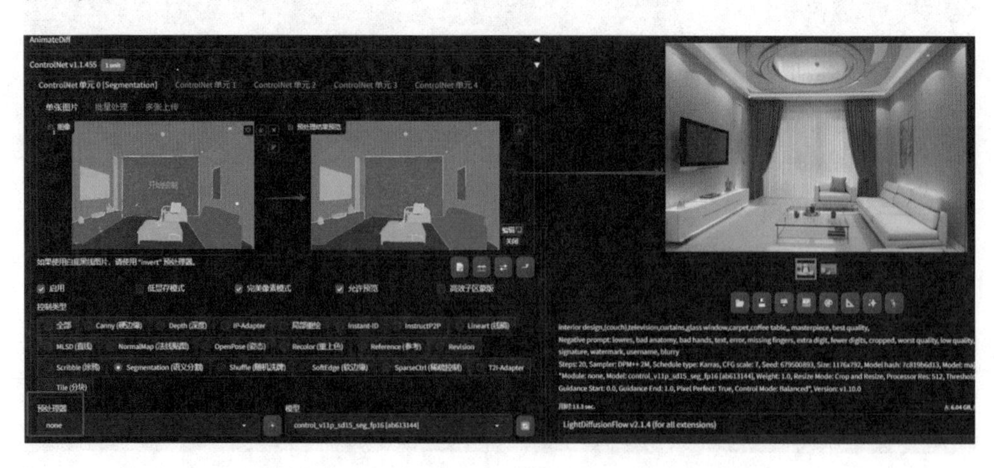

图 8－56　语义分割生成结果

从图 8 - 56 可以看到，只使用一个 ControlNet 控制单元的 Segmentation 控制模式即可正确生成物品和物品摆放的空间位置关系。

预处理器的选择：如图 8 - 57 所示，seg _ ofade20k（ADE20k 协议）：颜色外围有白色框分割，功能最强；seg _ ofcoco（CoCo 协议）：需要参考另外一个物品颜色对照表，效果差点；seg _ ufade20k（ADE20k 协议）：和 ofade20k 一样的协议，但是色框没有白色分割线，生成可能会出现连接情况。

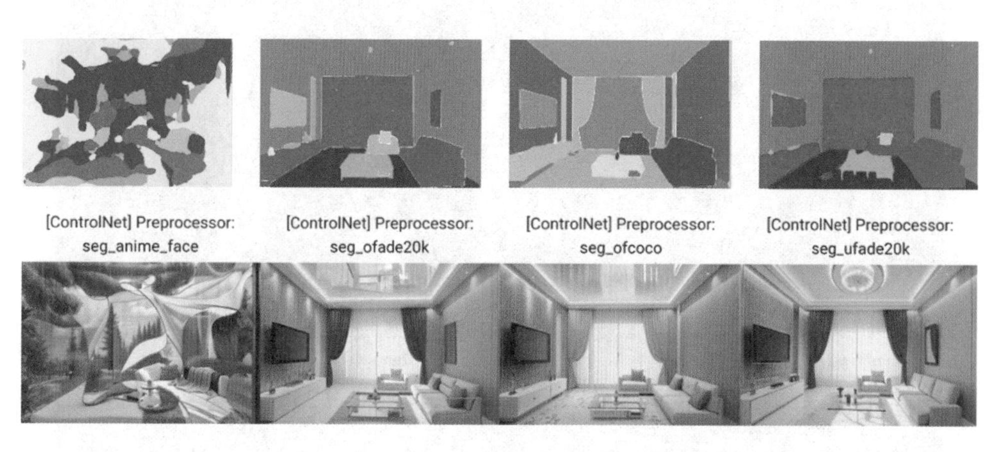

图 8 - 57　语义分割预处理器测试图

seg _ anime：动漫分割，主要是对动漫图片执行语义分割。如图 8 - 58 所示，定向测试结果显示 seg _ anime 能准确通过颜色区分出画面有 5 个人；这里使用了两类风格的主模型进行测试，分别是动漫风格和真实风格，从测试结果可以看出，其生成图像风格保持与主模型一致，真实风格主模型也能正确读取动漫注色的语义分割图。

图 8 - 58　seg _ anime 测试图

8.2.4.3 随机洗牌

随机洗牌（Shuffle）是一个比较冷门的控制类型。它会读取上传的图像画面中的各种色彩，并将这些颜色混合，打乱原先布局。它与 T2I - Adapter - color 模式不同的是多了打乱颜色的动作。图 8 - 59 为 Shuffle 预处理后的效果。图 8 - 59结果显示，Shuffle 虽然没有增加新的颜色，但是原来的颜色构图改变了。

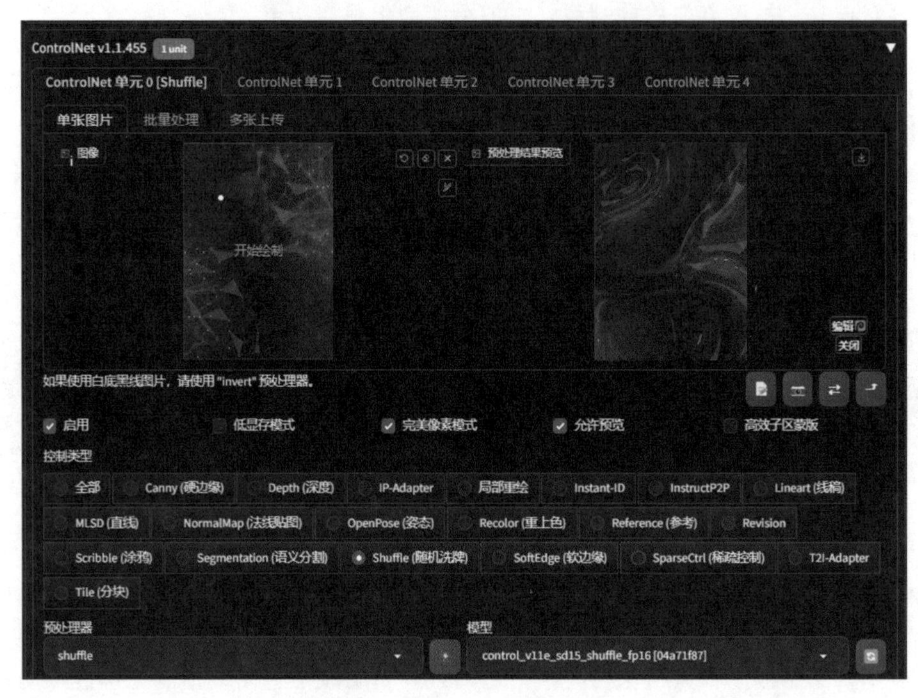

图 8 - 59　Shuffle 预处理后的效果

图 8 - 60 是在 Shuffle 模式下不同权重的测试图。从图 8 - 60 可以看到，在 Shuffle 模式下，ControlNet 的权重值建议为 0.2～0.4，因为权重值一高图像就乱了，并且会将原图的棱角特征也迁移进来。

图 8 - 60　在 Shuffle 模式下不同权重的测试图

8.2.4.4　分块

分块（Tile）的核心作用是对图像元素整体保留的情况下，忽略过去的细节，新增新的细节。分块的处理过程是先将图像变得模糊，再补充像素。

如图 8-61 所示，第一张是原图，尺寸为 297×297，看起来很模糊；第二张展示的头像稍微清晰了，有种朦胧美；最后一张面部更清晰。

图 8-61　Tile 模型效果

图 8-62 是整个图像随着重绘幅度数值变化的过程。从图 8-62 可以看出，随着重绘幅度的不断提高，图像的清晰度越来越高，但是极端情况下，人物可能会偏移原图像的长相。

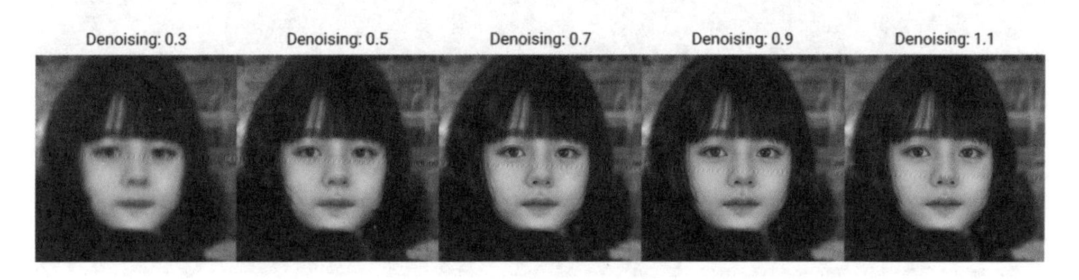

图 8-62　重绘幅度变化过程

Tile 的使用方式：在图生图下，利用 Tile 模型增加图片细节，再通过调节重绘幅度来控制细节增添的强度。图 8-63 展示的是整个操作思路。你如果懂了 Stable Diffusion 的基础知识，按照这样的思路去配置参数就可以了。

预处理器的选择如下。

（1）tile _ resample 是将图像变得更模糊（去除图像原部分细节），然后重绘增加新的细节。tile _ resample 是默认的预处理器，相比其他预处理器出图质量更高，但是会有明显色差。如图 8-62 所示，第一张和最后一张图像背景色还是有明显区别的。如图 8-64 所示，“Down Sampling Rate”的默认值是“1”，也就是上传的原图尺寸，1 也是最常用数值，只有上传非常大的图像时才会动这个设置条。如果原图尺寸是 512×512，“Down Sampling Rate”的数值是 2，那么预处理器处理后的尺寸就是 256×256。

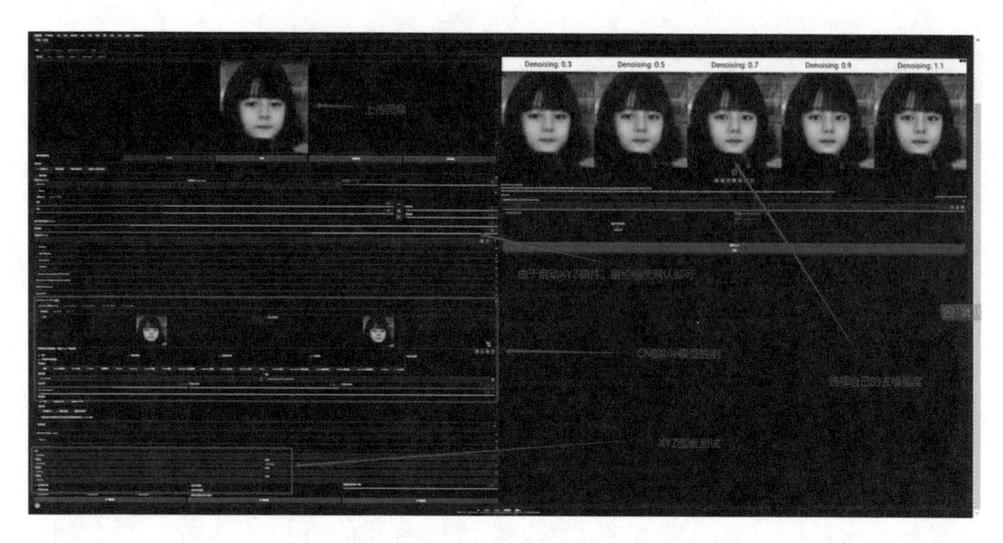

图 8-63 图生图应用 Tile 模型

图 8-64 tile _ resample 的参数

（2）tile _ colorfix：色差小，出图质量也会低一点。从图 8-65 可以看到，第一张图像和其他图像色差相比“tile _ resample”预处理器的色差要小很多。如图 8-66 所示，“tile _ cklorfix”新增了一个“Variation”（变化），其默认值是 8，拉高此值会增加新的东西，类似重绘幅度的微调。当 Variation 为 0 时，就相当于重绘幅度为 0 时的效果，图像不会有任何变化；当 Variation 最高时，就相当于重绘幅度为 0.35 左右时的效果。针对这个功能，我们也做了相应的测试，如图 8-67 所示。从图 8-67 可以看到，增大“Variation”的值只是脸蛋上多了几根头发。

（3）tile _ colorfix+sharp：在 tile _ colorfix 预处理器的基础上增加锐化功能，如图 8-68 所示。从图 8-68 可以看出，随着“Denoising”数值的增大，图像没有大的色差，但是图像会变得锐化。如图 8-69 所示，“tile _ colorfix+

sharp”也有一个“Variation”的控制条，同时还多了一个“Sharpness”（锐化度）的控制条。

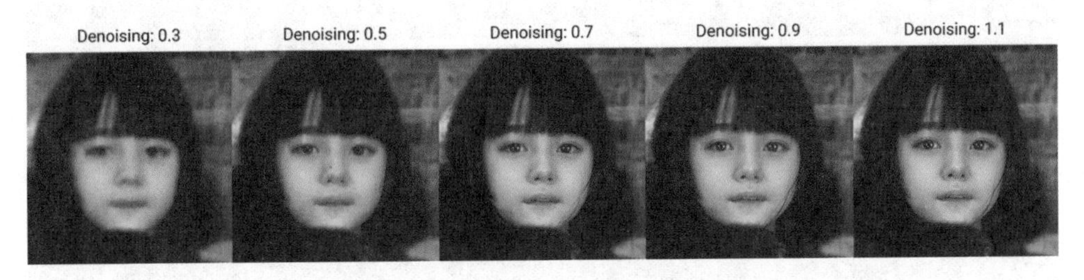

图 8-65　tile _ colorfix 预处理器测试图

图 8-66　tile _ colorfix 参数

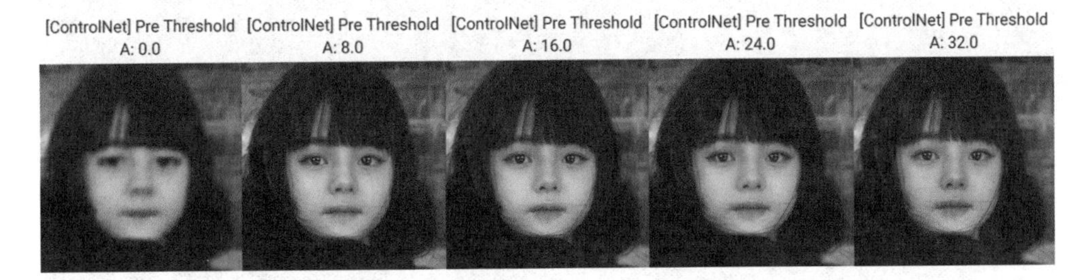

图 8-67　variation 测试

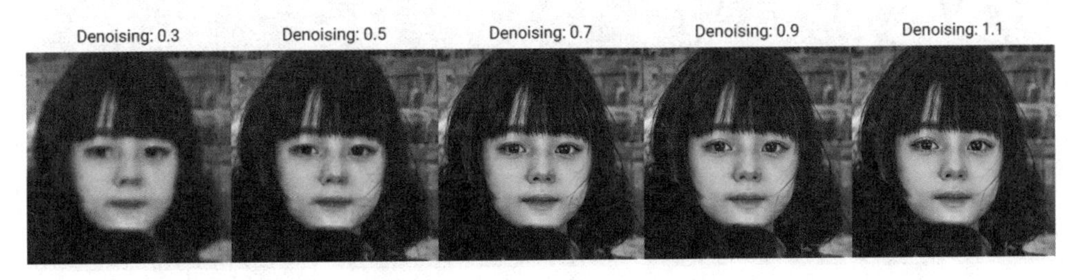

图 8-68　tile _ colorfix+sharp 测试

图 8-69 tile _ colorfix+sharp 参数

（4）blur _ gaussian：一个新的预处理器，叫作高斯模糊，其功能类似于“tile _ resample”预处理器，即先变模糊，再补充噪点，类似虚化的效果，全图虚化。如图 8-70 所示，blur _ gaussian 预处理器对结果的还原性要高于 tile _ resample 预处理器。blur _ gaussian 有一个“sigma”的控制条，用于控制模糊程度的，也可以理解为控制保留原图信息多少的。

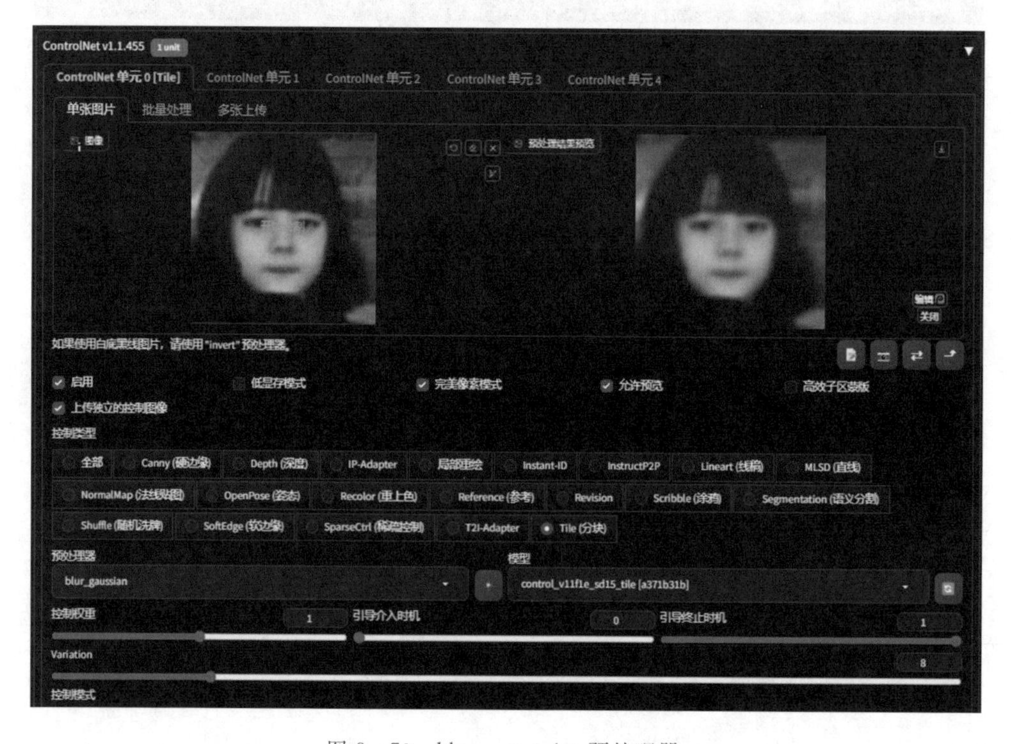

图 8-70 blur _ gaussian 预处理器

Tile 是一个非常强大的 ControlNet 功能，其有很多应用场景。下面将做一些应用场景的分享。

（1）人像修复功能。

（2）去除马赛克。如图 8－71 所示，对全图使用 Tile 效果，并通过控制重绘幅度的数值，展示不同的去除马赛克的效果。如果想单独去除某些区域的马赛克，可以在图生图局部重绘下，启用 Tile 模型。

图 8－71　Tile 去除马赛克

（3）质感增强器。在使用 Tile 时，可以使用优质的人像模型，再配合一些可以添加皮肤纹理效果的 LoRA 模型达到增强皮肤质感的效果。

（4）Tile 模式下的风格转绘（见图 8－72）。Tile 模式下不同主模型的风格转绘如图 8－73 所示。注意：需要将 ControlNet 控制权重调为 0.5 左右。

图 8－72　Tile 模式下的风格转绘

图 8－73　Tile 模式下不同主模型的风格转绘

（5）色彩、光影控制。如图 8－74 所示，在 Tile 模式下，上传一张光影图，然后调节“控制权重”为 0.5，就可以迁移原图的光影效果。注意：若想要更好的效果，还需要深刻理解 Tile 模型的控制权重和引导介入时机的具体关系。针对以上两者的关系，我们做了如图 8－75 所示的测试图。

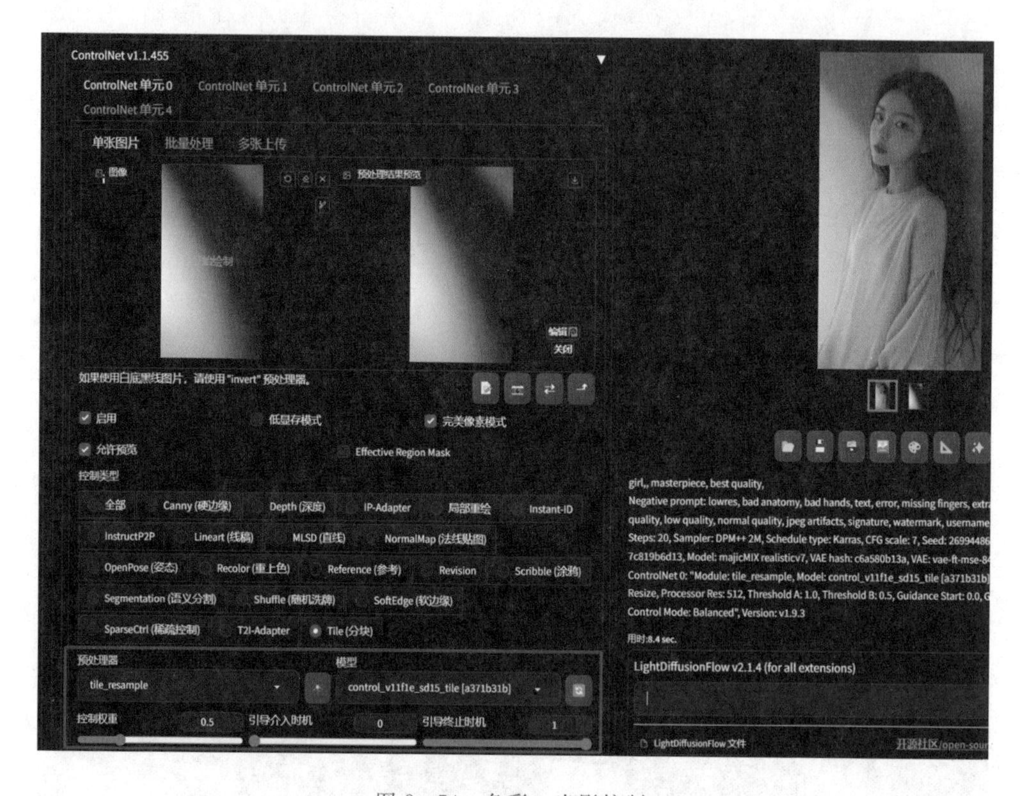

图 8－74　色彩、光影控制

从图 8－75 的最上面一行可以看出，控制权重越高，越忽视提示词，只生成对应光影图的变化。从图 8－75 的最下面两行可以看出，当引导介入时机为 0.4～0.5 时，按照提示词生成了女孩，但是光影图的影响不是太明显。

在实际应用中，需要挑最合适的几张图，然后查看这几张图对应的参数设置，并总结作为下次生图光影迁移的基础参数配置。图像效果会受一些参数影响，理解并熟练运用，才能真正掌握整个功能。

（6）文字嵌入。在 Tile 模式下可以将文字变成阴影，嵌入到新图像中。如图 8－76 所示，右侧生成了 4 张图，如果将图像放大，那么看不清这个“茶”字；如果将图像缩小，那么隐藏在图像中的“茶”字就会很明显。注意：控制权重为 0.7，引导介入时机为 0.3。

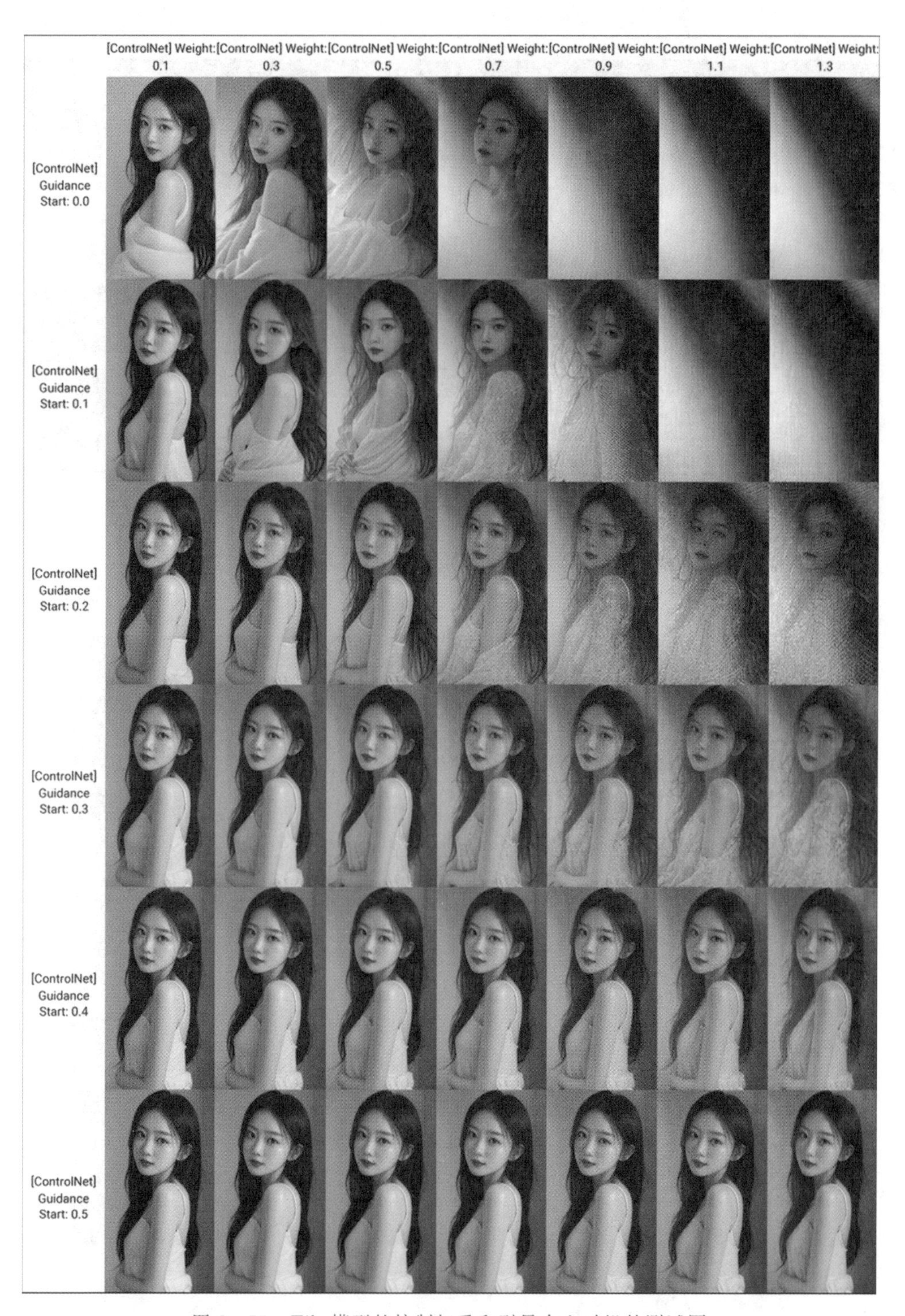

图 8－75　Tile 模型的控制权重和引导介入时机的测试图

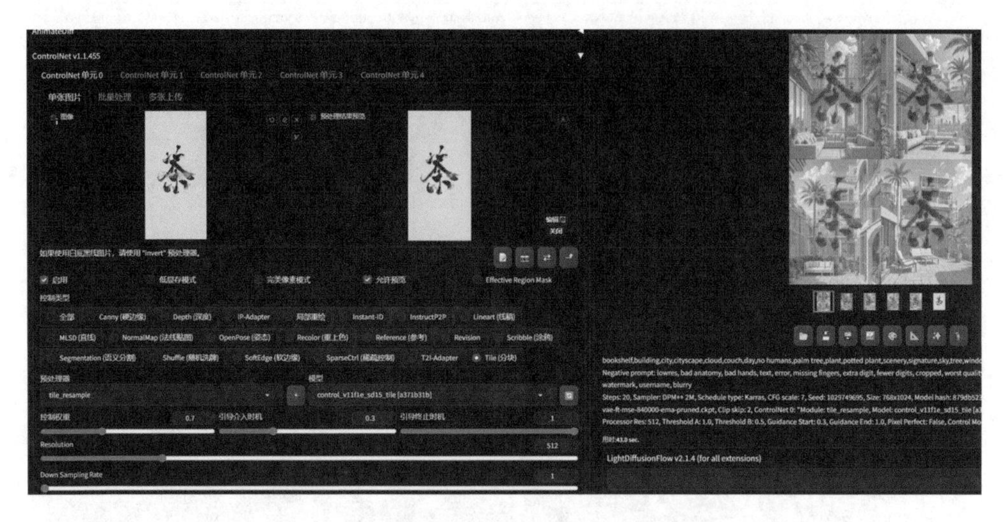

图 8-76　文字嵌入

8.2.4.5　参考

参考（Reference）的整体迁移功能弱于后面将要讲的模型 IP-Adapter，迁移维度涉及元素、色彩、形体和五官。图 8-77 为原图，图 8-78 为不同控制权重下的迁移效果。从图 8-78 中可以看出，当权重为 0.525 及以下时并没有迁移长相和服装效果；当权重高于 0.75 时，一定程度上迁移了原图的长相和服装。需要注意的是，这个功能有些人会用于漫画解说主角特征固定，但是效果最好的还是训练 LoRA 模型。如图 8-79 所示，Reference 的参数 Style Fidelity，即风格保真度，其值越大越偏向于参考。

图 8-77　原图

预处理器的测试思路：如图 8-80所示，生成左边图，然后固定随机种子，调用 ControlNet 的 Reference 功能，跑测试图，看看不同预处理器下右边图对左边图的干扰效果，以及不同控制权重对图像影响。图 8－81 为 Reference 预处理器测试图。

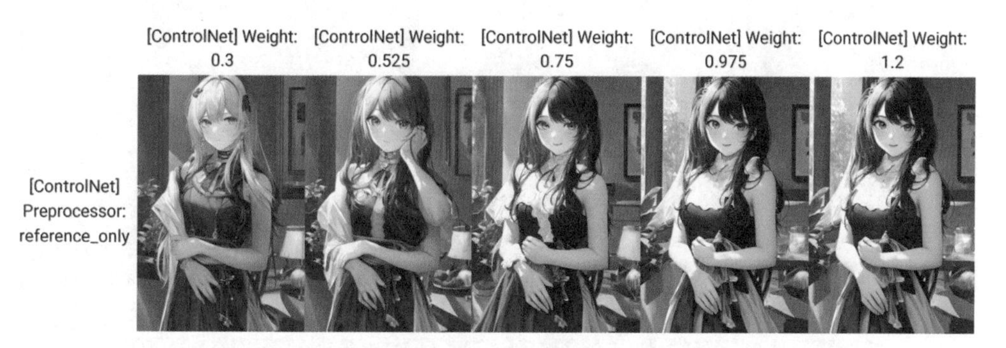

图 8－78　不同控制权重下的迁移效果

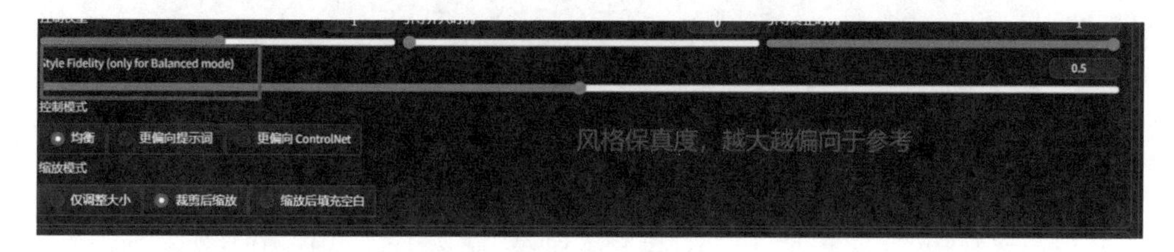

图 8－79　其他参数

图 8－80　测试用图

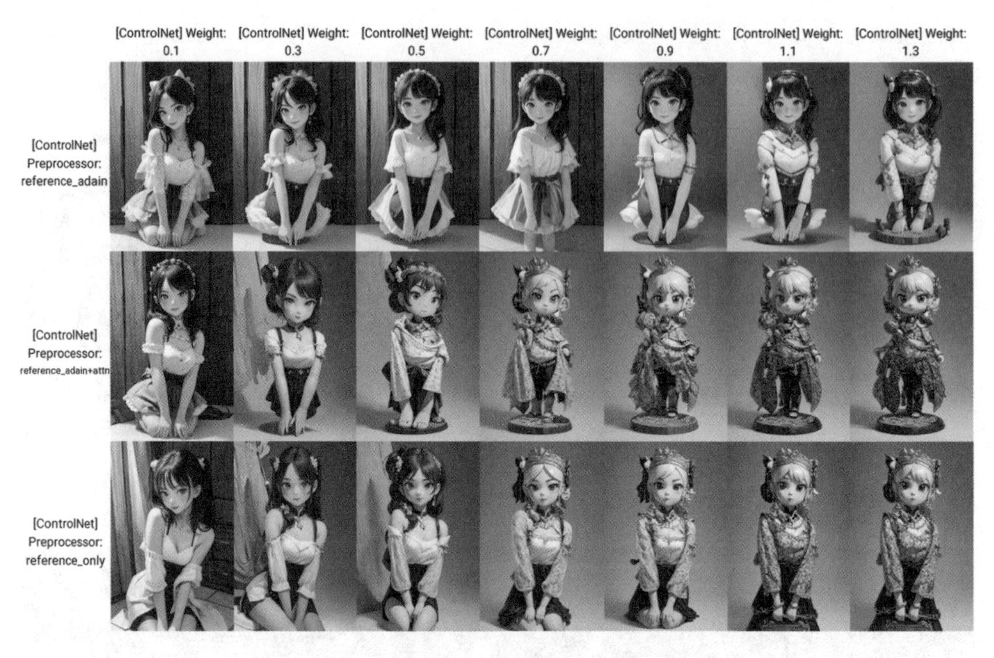

图 8－81　不同预处理器 Reference 测试图

（1）reference _ adain：元素、色彩偏向原图，形体、五官偏向参考。

（2）reference _ adain＋attn：元素、色彩、形体、五官均偏向参考。

（3）reference _ only：形体、五官偏向原图，元素偏向参考，色彩均分。

8.2.4.6　色彩、风格、人像迁移

色彩、风格、人像迁移（IP－Adapter）比之前学习的模型迁移能力都强，但在原理上低于 LoRA 模型的效果。IP－Adapter 的工作原理如图 8－82 所示。

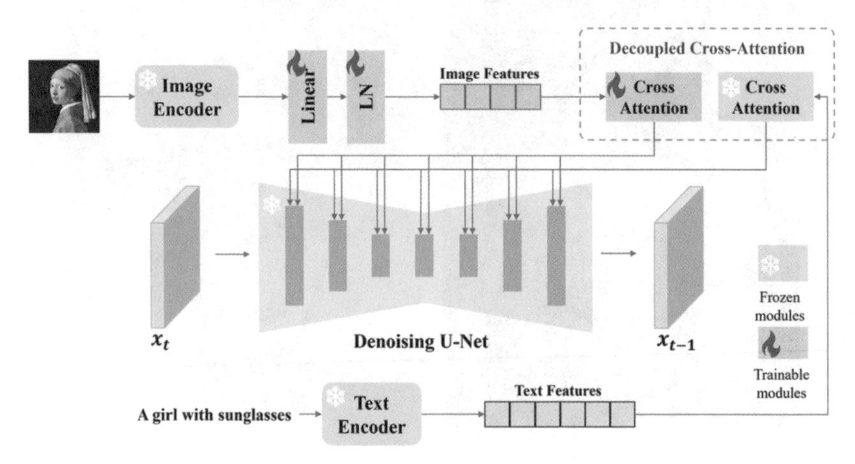

图 8－82　IP－Adapter 的工作原理

IP-Adapter 是一种有效且轻量级的模型，用于实现预训练文本到图像扩散模型的图像提示功能。其用图像控制引导生成过程，最终实现需要的维度迁移。IP-Adapter 的工作原理：将图像解析为图像分块和提示词，然后图像和提示词不同维度的特征同时作用在潜空间 U-Net 内，再根据迭代步数不断影响、不断去噪，从而影响生成过程，最终影响生成结果。

IP-Adapter 有十几个预处理器和十几个模型，我们先学习算法为 1.5 的功能，XL 算法功能一致。

采样图和提示词存在两种关系：相似关系，如提示词为黑头发，若采样图是黑色头发则两者是相似关系；对抗关系，如提示词为黑头发，若采样图是红色头发则两者是对抗关系。

IP-Adapter 模型的应用场景如下。

（1）IP-Adapter_sd15：相似关系时使用。（常用）

（2）IP-Adapter_sd15_light：对抗关系时，更遵从提示词。

（3）IP-Adapter_sd1.5_plus：对抗关系时，更遵从采样图。（常用）

总结：更偏向采样图用（3），中间的用（1），更偏向提示词用（2）。

（4）IP-Adapter-full-face_sd15：换脸使用，半斤八两，被淘汰模型。

（5）IP-Adapter-plus-face_sd15：换脸使用，半斤八两，被淘汰模型。

（6）IP-Adapter-faceid-plusv2_sd15：换脸使用，优秀的换脸模型（显存要求 9 G）。（常用）

IP-Adapter 常用来和其他控制维度搭配使用，也就是多 ControlNet 单元控制。

IP-Adapter 和 SoftEdge 联合控制效果如图 8-83 所示，生成的图像既迁移了参考的特征，也符合线稿特征。

ip-adapter参考图

softedge 预处理图

ip+softedge生成图

图 8-83　IP-Adapter 和 SoftEdge 联合控制效果

IP-Adapter 和 Tile 联合控制效果如图 8-84 所示。

IP-Adapter 和 OpenPose 联合控制效果如图 8-85 所示。

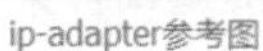

图 8 - 84　IP - Adapter 和 Tile 联合控制效果

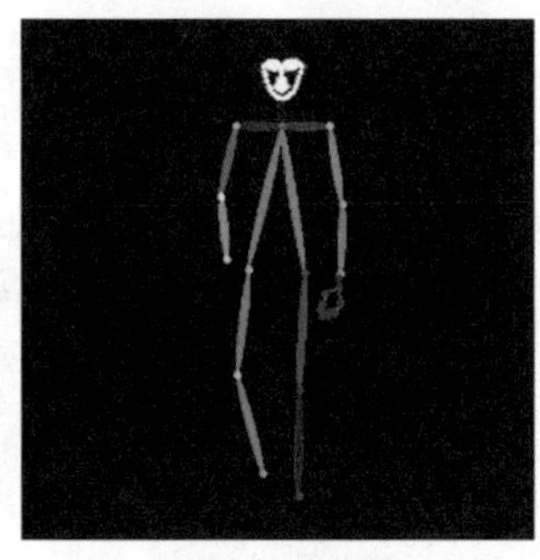

图 8 - 85　IP - Adapter 和 OpenPose 联合控制效果

8.2.4.7　重上色

重上色（Recolor）是指先将原图像去颜色，再根据提示词或者模型对原图像重新上色。重上色常用于老照片上色（见图 8 - 86）或者文字上色（见图 8 - 87）。

图 8 - 86　老照片上色

图 8-87　文字上色

预处理器的选择如下：

recolor _ luminance：图像转换时更注重色彩亮度；

recolor _ intensity：图像转换时更注重图像色彩饱和度。

Recolor 预处理器测试图如图 8-88 所示。

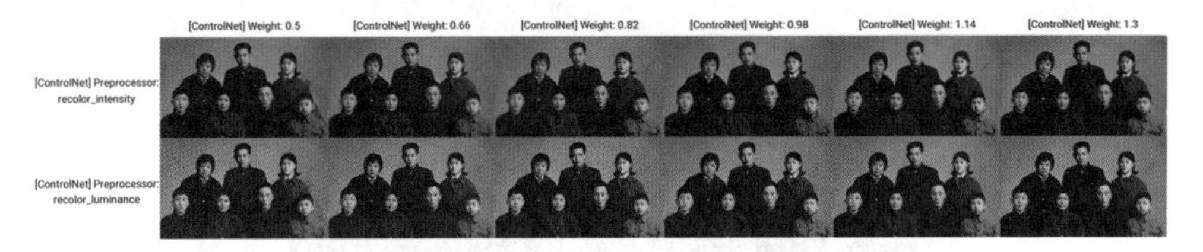

图 8-88　不同预处理器 Recolor 测试图

8.2.5　局部重绘

局部重绘（Inpaint）就是对上传图像的局部进行蒙版处理，然后再生成新的内容。

有些 Inpaint 模型会训练出一个独特的效果，其在特殊使用场景“重绘”时，表现会优于常规模型，但是其绘图质量会低于常规模型。ControlNet 在图生图中调用局部重绘功能，也会赋予传统大模型局部重绘功能的加强。重绘大模型如图 8-89 所示。

Inpaint 有以下两个非常实用的应用场景。

（1）让任何模特穿上特定服装，具体操作如下。

① 如图 8-90 所示，在“上传重绘蒙版”界面上传穿着裙子的女孩，以及裙子的蒙版图，注意尺寸比例一致。

② 如图 8-91 所示，“蒙版模式”选择“重绘非蒙版内容”，勾选“柔和重

绘”，重绘幅度设置为 0.85 及以上。

图 8－89　重绘大模型

图 8－90　上传图像及蒙版

③ 如图 8－92 所示，“控制类型”选择“局部重绘”。

④ 生成结果，如图 8－93 所示。

更高阶的操作：使用 Tile 模型融图，使用额外单元 Pose 模型控制模特姿态，使用 LoRA 模型控制模特长相。图 8－93 左上角的图像也可以上传假人模特穿这件衣服。

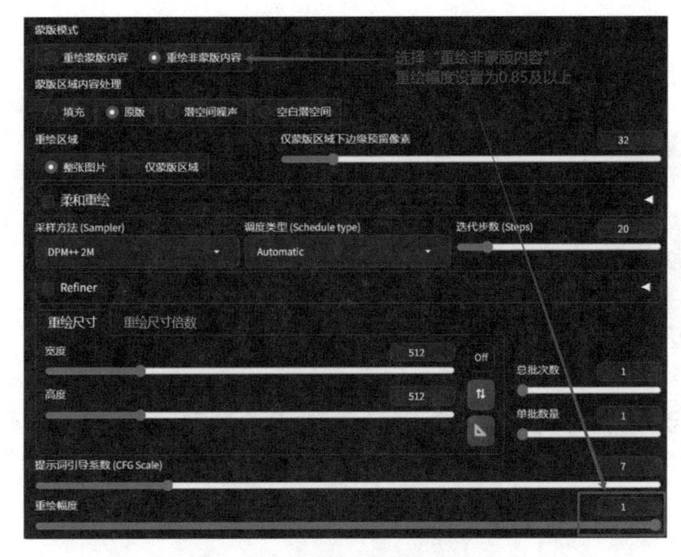

图 8-91　重绘非蒙版参数设置

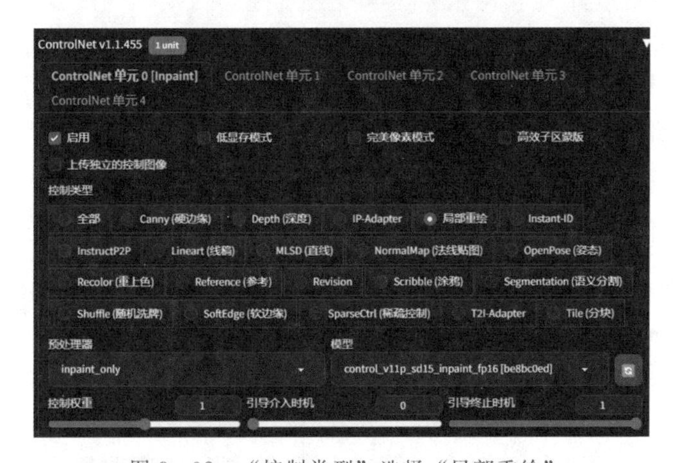

图 8-92　"控制类型"选择"局部重绘"

图 8-93　服装上身效果

（2）删除、修复、替换图像不需要的元素，如图 8－94 所示。在文生图下可以直接在上传的图像上涂抹需要调整的区域。

图 8－94　局部重绘元素替换

预处理器的选择如下：

inpaint _ only：直接重绘蒙版区域；

inpaint _ only＋lama：先删除蒙版区域，再生成新的噪点图；

inpaint _ global _ harmonious：重绘蒙版区域，但是全图会做非常细微的重绘。

8.2.6　指令约束

指令约束就是根据提示词，改变上传图像的生成情况。例如，通过提示词指令对采样图像进行天气、光影、镜头、元素等的控制。这个功能在图生图界面使用会得到更多的控制效果，提示词控制新增元素，ControlNet 权重控制原特征。

如图 8－95 所示，原图是一个晴空万里的别墅，提示词分别为春、夏、秋、冬。

图 8－95　指令变换生成效果

指令变换设置界面，如图 8－96 所示。注意：“预处理器”选择“none”，“模型”选择 Ip2p，正常生成提示词给一个季节即可。如果想依次生成春、夏、秋、冬，那么需要使用 X/Y/Z plot 脚本，“X 轴类型”选择“Prompt S/R”，填上对应的季节提示词即可。主提示词框需要写其中一个季节。

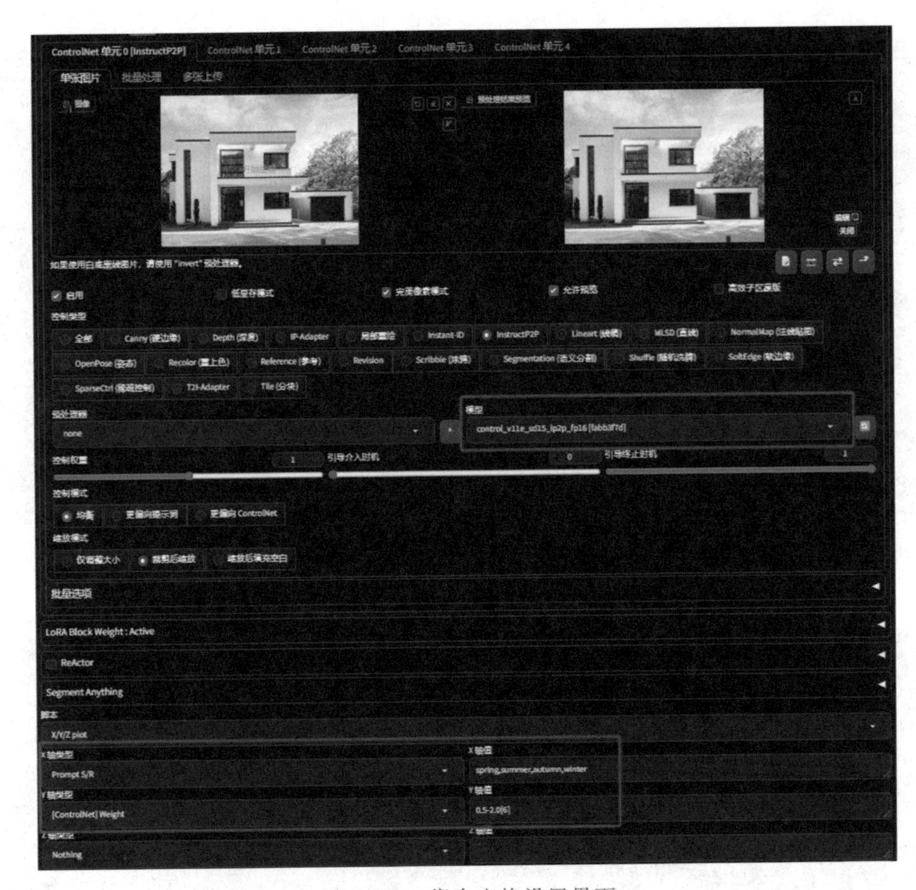

图 8-96　指令变换设置界面

8.3　疑难解答

疑难解答旨在帮助解决常见报错。如图 8-97 所示，当上传图像，点击预处理后出现这样的错误显示时，可能是 ControlNet 里无法自动安装这个预处理器，此时需要手动安装。

解决方法（见图 8-98）：查看后台是否有这样的代码，红框处会显示一个文件的下载地址和它的安装路径。

下载地址：https://huggingface.co/dhkim2810/MobileSAM/resolve/main/mobile_sam.pt

安装路径：E:\SD\sd-webui-FY245-v4.8\extensions\sd-webui-controlnet\annotator\downloads\mobile_sam\mobile_sam.pt

图 8－97　ControlNet 与预处理器报错

图 8－98　后台查询

这时只需要将这个链接放在浏览器地址栏，回车手动下载这个预处理器文件，然后放进对应的文件目录，再重启 Stable Diffusion 就可以使用了。

第 9 章

商业应用实操篇

【学习目标】

1. 学习常用的商业应用实操；
2. 学习图片与视频在 Stable Diffusion 的具体操作。

【技能目标】

1. 掌握上色技术，2D 转 3D 技术；
2. 掌握产品设计、电商渲染图制作技术；
3. 掌握 IP 设计、艺术字、艺术二维码技术；
4. 掌握视频转绘技术。

【素质目标】

1. 学习具体的商业应用操作，锻炼动手能力；
2. 商业应用操作不仅仅是展示的这些，锻炼举一反三的能力，联想新的案例操作。

【知识串联】

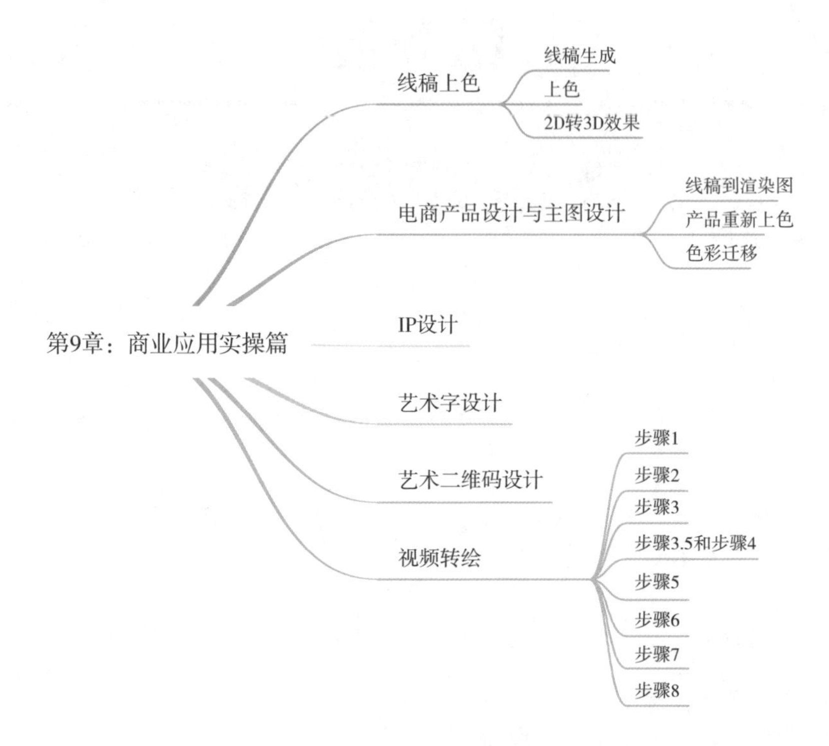
第9章：商业应用实操篇
线稿上色
线稿生成
上色
2D转3D效果
电商产品设计与主图设计
线稿到渲染图
产品重新上色
色彩迁移
IP设计
艺术字设计
艺术二维码设计
视频转绘
步骤1
步骤2
步骤3
步骤3.5和步骤4
步骤5
步骤6
步骤7
步骤8

云课堂

9.1　线稿上色

9.1.1　线稿生成

调用 LoRA 模型直接生成线稿图，具体操作：在 LiblibAI 界面搜索“线稿”就可以找到很多线稿的 LoRA 模型，选择一个下载并安装；如图 9-1 所示，选择通用性主模型，调用该线稿 LoRA 模型，并写上触发词和其他提示词；点击“生成”，即可得到一张线稿图。

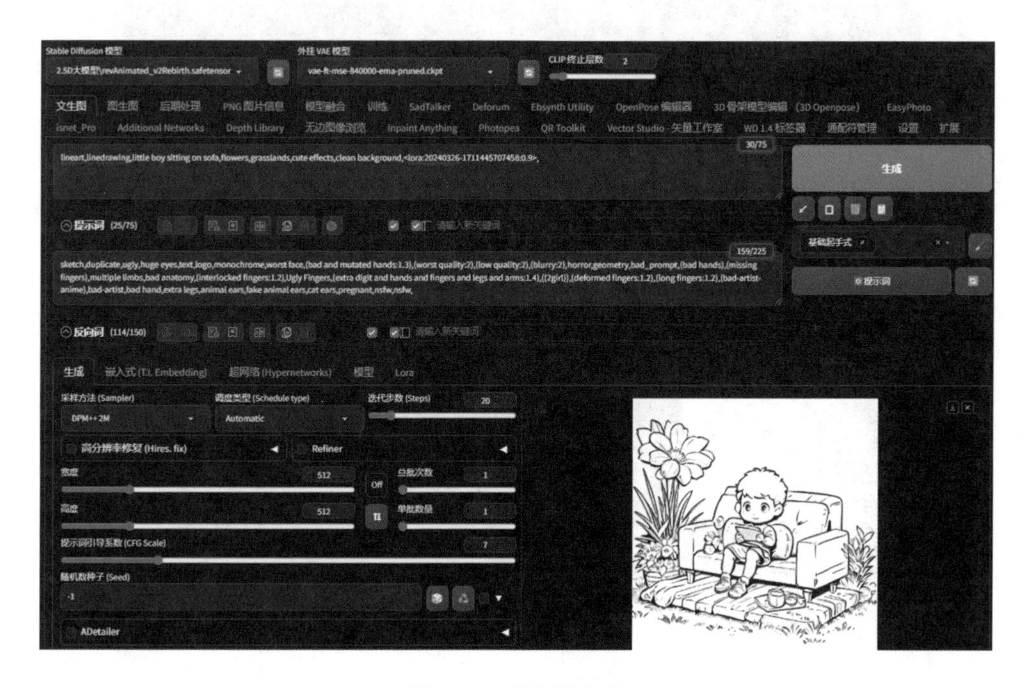

图 9-1　线稿图生成

在脚本处，选择“Vector Studio”（矢量工作室），勾选“绘画”，如图 9-2 所示；也可以直接生成线稿图。注意：这里每次会生成两张图，一张 PNG 图，一张 SVG 矢量图，选择 PNG 图即可。

9.1.2　上色

（1）如图 9-3 所示，将线稿图放进 WD 1.4 标签器，插件会反推提示词，并发送到文生图进行修改。因为需要对其上色，所以修改读取出来的部分提示词。

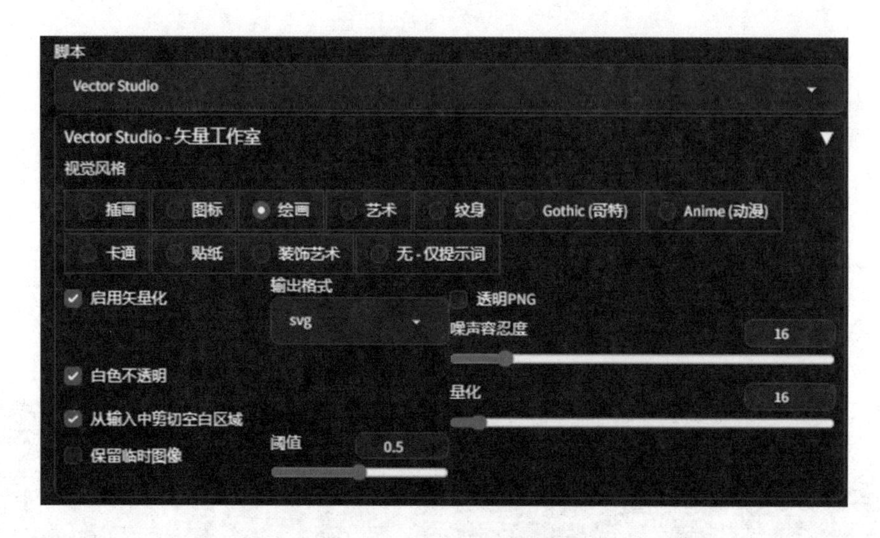

图 9-2　脚本生成线稿图

图 9-3　图像内容反推

（2）图 9-4 为修改前的提示词内容。

greyscale 灰度　1boy 1男孩　monochrome 单色图片 / 单色　male focus 男性焦点　couch 沙发　solo 单人　shorts 短裤　sitting 坐　smile 微笑
flower 花　shoes 运动鞋　plant 植物　white background 白色背景　book 书　socks 短袜　short hair 短发　grass 草　male child 男性儿童

图 9-4　修改前的提示词内容

图9-5为修改后的提示词内容。

1boy 1男孩　male focus 男性焦点　couch 沙发　solo 单人　shorts 短裤　sitting 坐　smile 微笑　flower 花　plant 植物　book 书
socks 短袜　short hair 短发　grass 草　male child 男性儿童　children's picture books 儿童绘本

图9-5　修改后的提示词内容

（3）提示词写好后，选择想要的主模型风格，开始生成，如图9-6所示。这里需要使用ControlNet的线稿处理功能。如图9-6所示，“批次数”设置为“4”、“控制类型”选择“Lineart（线稿）”、“预处理器”选择反色模式［lineart_standard（from white bg & black line）］、“模型”选择lineart，在“控制模式”的选择上，如果需要更多创意就选择“更偏向提示词”，如果需要保持线稿就选择“均衡”即可。

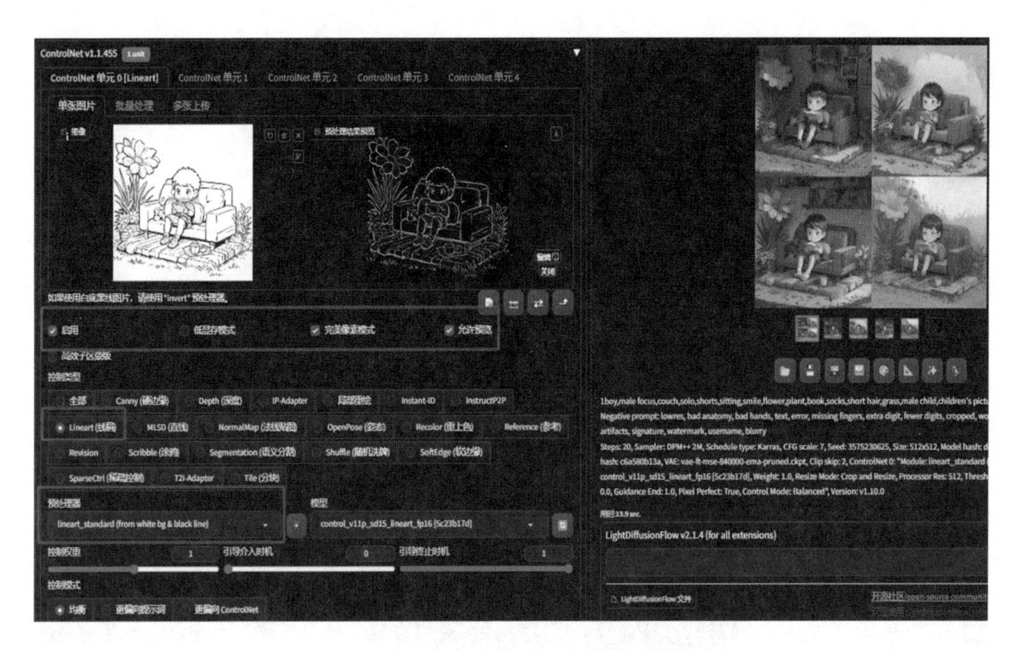

图9-6　线稿上色参数设置

（4）这里会生成四个图像。比如，觉得第二张很符合需求，这时就需要固定随机种子（Seed），将批次数调整为1，再打开高分辨率修复即可生成高分辨率图像，如图9-7所示。至此我们便完成了上色。

图 9－7　高分辨率修复

9.1.3　2D 转 3D 效果

转 3D 有两种方式：一种是上面的线稿图直接生成 3D 效果，另一种是 2D 转 3D 效果。

（1）线稿图直接生成 3D 效果。如图 9－8 所示，部分参数需要调整。提示词增加 C4D、3D 渲染、3D 盲盒 LoRA 模型等。本例中主模型使用的是 realcartoon3d _ v17. safetensors 模型，也可以使用其他偏 3D 的主模型。其他设置保持一致即可。

图 9－8　线稿图直接生成 3D 效果

（2）2D 转 3D 效果。如图 9－9 所示，依然需要采用上文的提示词与类似的主模型，这次在图生图界面，上传一张 2D 的图像，然后“重绘幅度”调到 0.6～0.7，点击“生成”即可。如果需要对图像增加更多细节，可以调用 ControlNet 的 Tile 模型，如图 9－10 所示。

图 9－9　2D 转 3D 效果

图 9－10　启用 Tile 模型

9.2 电商产品设计与主图设计

如图 9－11 所示，接下来通过分享三个设计场景讲解本节内容。

图 9－11 电商产品设计与主图设计

(1) 线稿到渲染图：产品设计师的线稿到产品渲染图。

(2) 产品重新上色：有了第一款产品，需要更多创意设计。

(3) 色彩迁移：实现创意设计时，迁移其他设计元素。

9.2.1　线稿到渲染图

线稿到渲染图的整个过程就是线稿上色的过程，也就是 9.1 节讲的。需要注意的是，如果需要生成复杂的背景，那么正常写提示词即可；如果需要生成纯色背景，那么需要加上提示词“简单且高级的背景”。

9.2.2　产品重新上色

如图 9-12 所示，如果需要更换产品颜色，可以先提取线稿，再通过上色实现最终结果。需要更换的颜色特征等，都可以填进提示词框。注意：Lineart 下反色模式和写实线稿提取都可以成功的提取线稿图。

图 9-12　线稿提取

9.2.3　色彩迁移

如图 9-13 所示，色彩迁移就是先将产品生成渲染图，再生成不同色彩风格的渲染图。

图 9－13　色彩迁移

（1）如图 9－14 所示，使用 Inpaint Anything 提取产品蒙版图，插件的使用在“常用插件篇”有详细介绍。

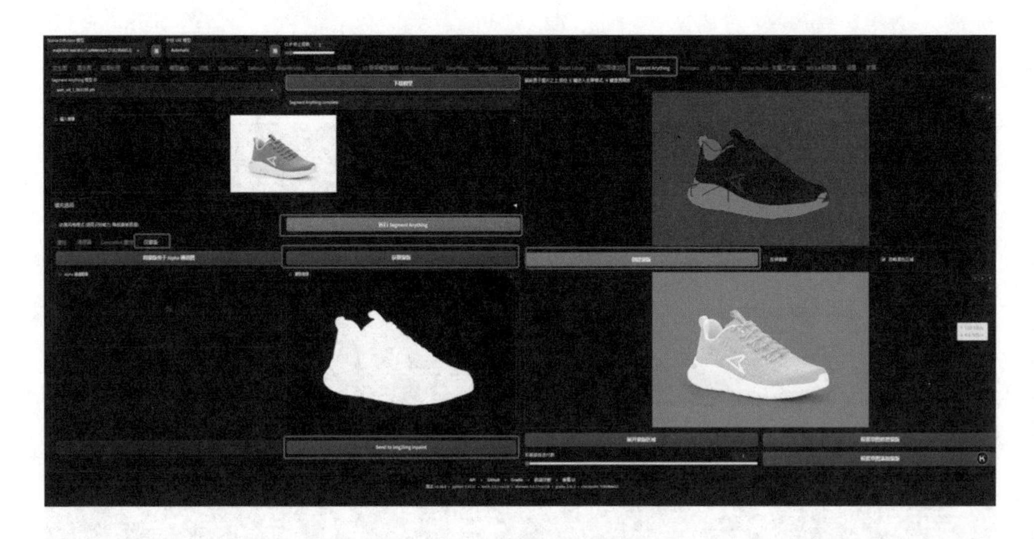

图 9－14　提取产品蒙版图

（2）选择主模型，填写提示词，在图生图下的“上传重绘蒙版”（见图 9－15）界面选择“重绘非蒙版内容”，勾选“柔和重绘”。注意：重绘幅度需要调整为 0.8 及以上；重绘尺寸倍数调整可以无视；重绘尺寸根据自己的显卡显存大小设置，保证不爆显存即可。

（3）如图 9－16 所示，启用 ControlNet，“控制类型”选择“局部重绘”，再进行抽卡就可以得到如图 9－13 所示中间那个粉色桃花背景的图。

（4）如图 9－17 所示，多调用一个 ControlNet 控制单元，“控制类型”选择“Shuffle（随机洗牌）”，上传一张图像，预处理后将颜色打乱，控制权重设置为 0.5 左右，设置好之后点击“生成”即可。

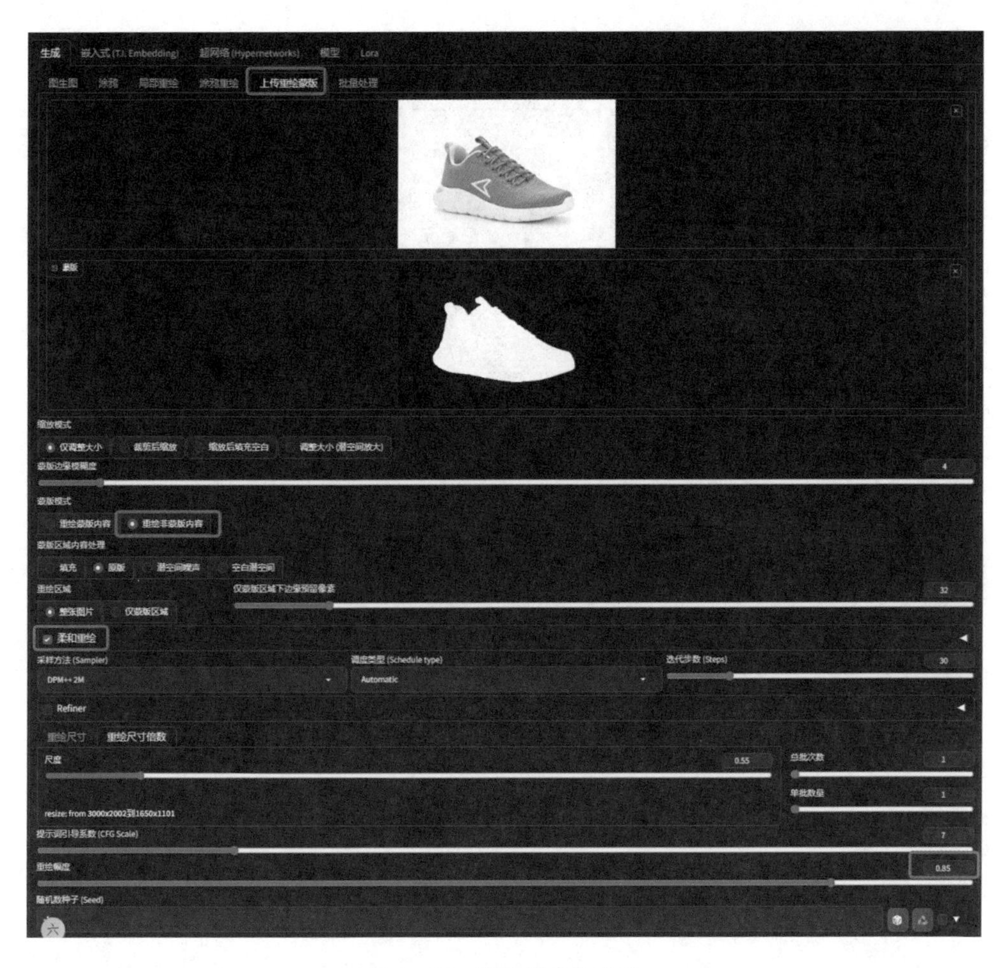

图 9－15　图生图参数设置

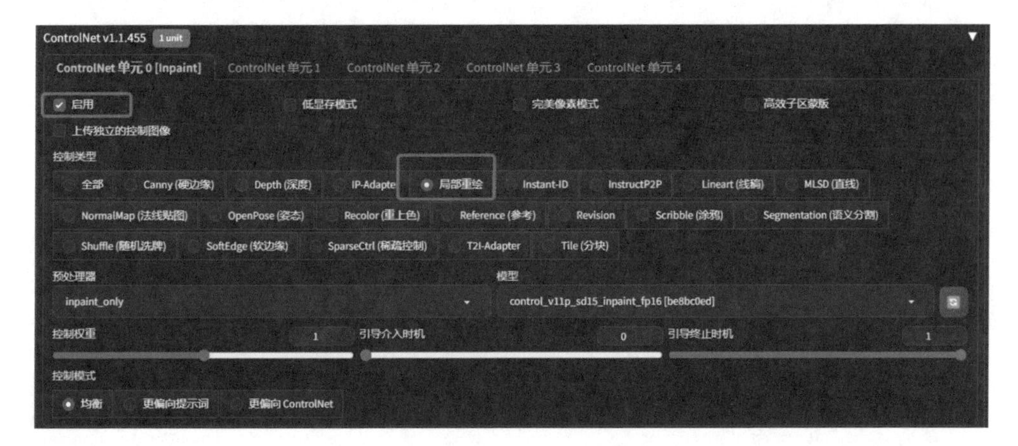

图 9－16　ControlNet 设置

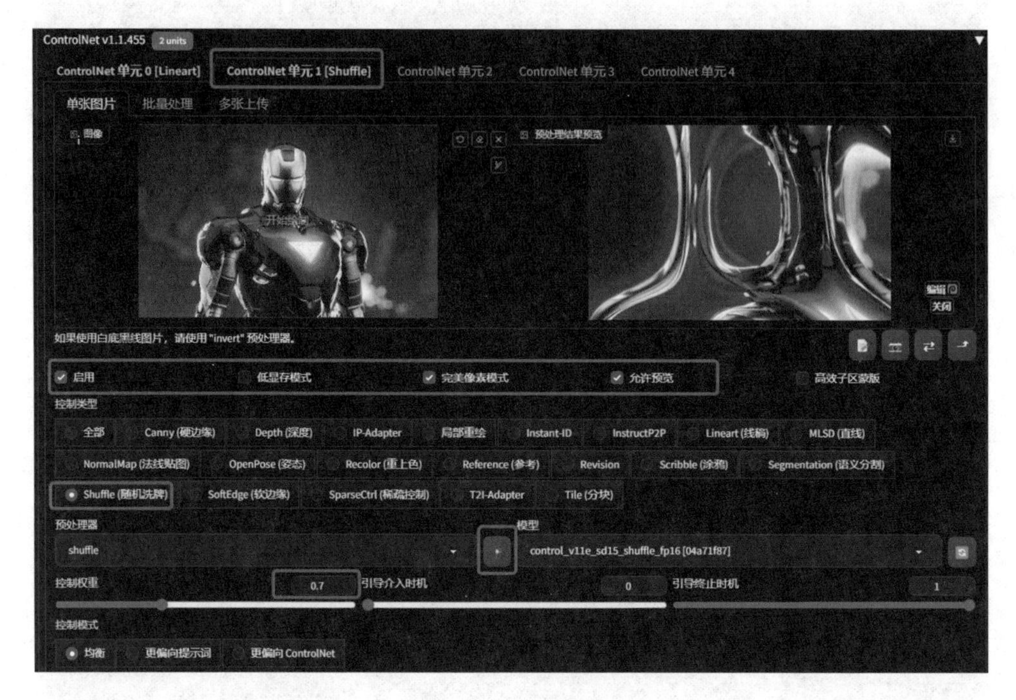

图 9-17 色彩迁移

9.3 IP 设计

IP 设计与三视图的关系在于三视图为 IP 形象的创作与呈现提供了一个全面的、多角度的视觉参考。在设计 IP 时，三视图通常包括正视图、侧视图和背视图，从而展示角色或物体在不同角度的细节，确保设计的统一性和完整性。

在 liblib.ai 界面搜索“三视图”就可以找到很多三视图的 LoRA 模型，选择一个下载并安装。

➢ 推荐主模型：revAnimated_v2Rebirth.safetensors。

➢ 提示词：LoRA 模型，LoRA 模型的触发词，图像质量词，(three views：1.2)，(front view：1.2)，(side view：1.2)，(back view：1.2)，Q 版，可爱，简单的背景，其他内容。

➢ 高分迭代步数：20（在高分辨率修复内）。

➢ 重绘幅度：0.3～0.4（高分辨率修复内的重绘幅度）。

➢ 放大算法：R-ESRGAN 4x+ Anime6B。

➢ 放大倍数：2。

➢ 触发词：three views。

➢ 推荐 LoRA 权重：0.8～1.2，可以根据需要自行调节 LoRA 权重。

➢ 如果生成人物 IP，建议开启 ADetailer 面部修复功能。

三视图生成结果如图 9－18 所示。借用 AI 的能力可以帮助我们快速创作，但是也会有一些小的瑕疵，还需要做进一步的细节处理。生成过程中经常生成 4 个或 5 个人，可以通过 ControlNet 的姿态进行控制，如图 9－19 所示。“预处理器”选择“none”。

图 9－18　三视图生成结果

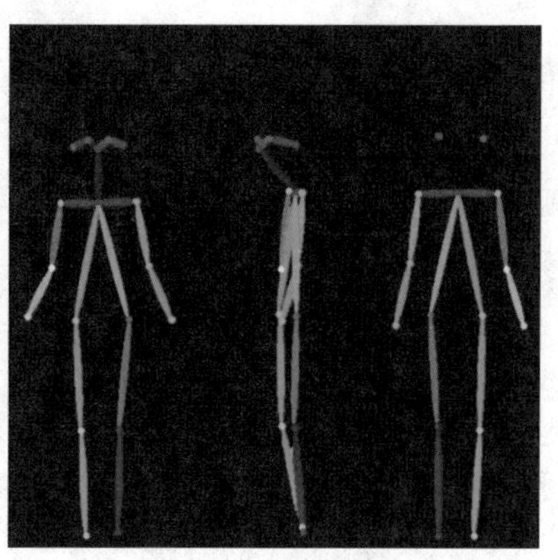

图 9－19　姿态图

9.4　艺术字设计

在 Stable Diffusion 中，艺术字通常是指通过生成模型创建的带有艺术风格的文本图像。艺术字结合文字的内容和视觉上的艺术效果，可以呈现出手绘、涂鸦、书法，或者其他独特的风格。艺术字设计具体操作如下。

（1）准备如图 9－20 所示的字体图片。

（2）主模型选择艺术字设计推荐模型：revAnimated _ v2Rebirth.safetensors，提示词简单写个西瓜加质量词即可。

图 9－20　原图

如图 9－21 所示，启用 ControlNet 的 Depth 模型，控制权

重设置为高权重就生成了如图 9 - 22 所示的效果。如果觉得字不够明显，可以再增加控制单元。

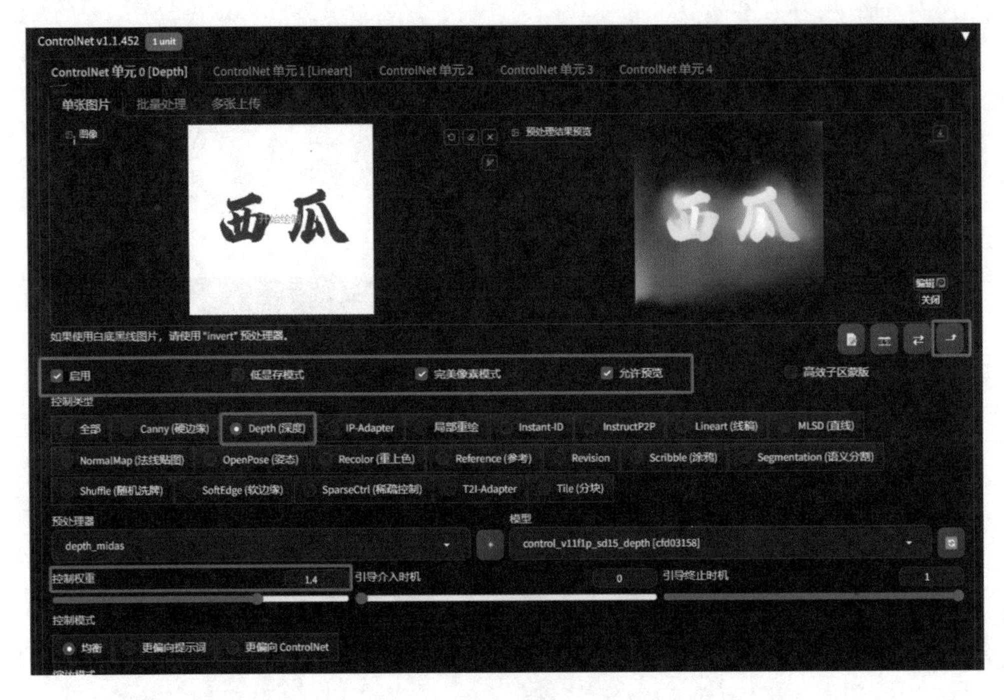

图 9 - 21　Depth 模型生成参数设置

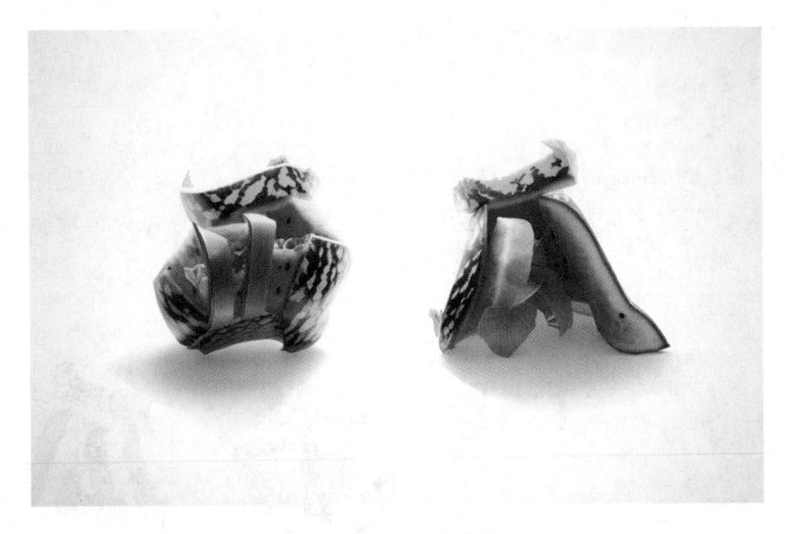

图 9 - 22　生成效果

（3）如图 9－23 所示，在原有的控制单元基础上，又增加了 Lineart 控制单元，就生成了如图 9－24 所示的效果。这个文字效果就可以一眼看出来了。

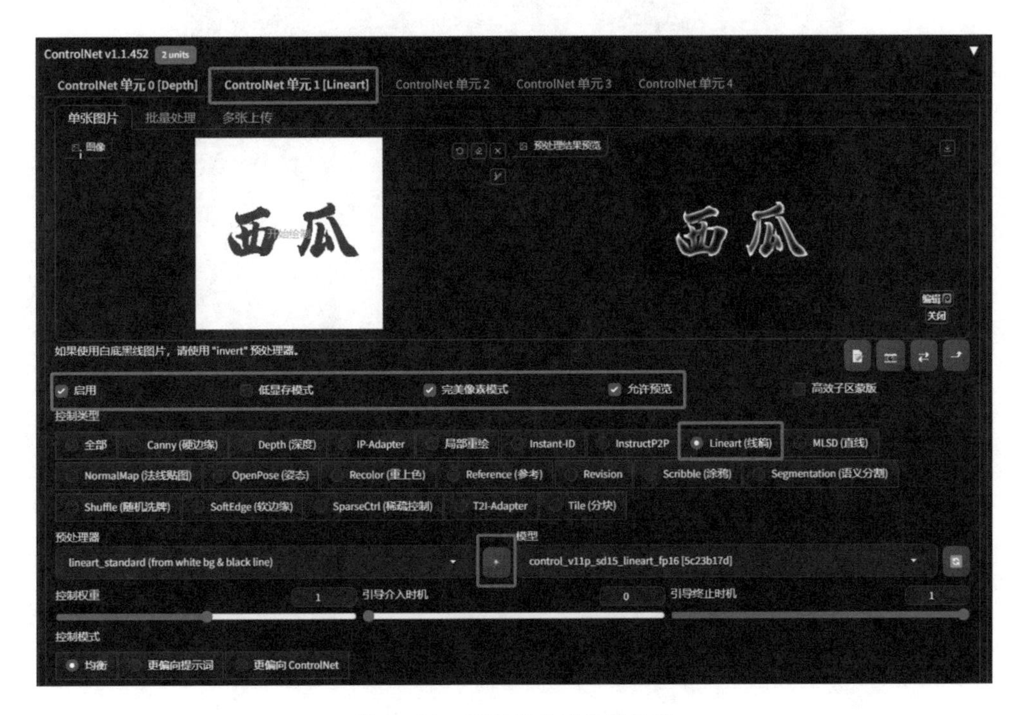

图 9－23　双控制单元参数设置

图 9－24　双控制单元生成效果

上述展示的都是以“西瓜”为主要元素，如果要将文字隐藏在图片中该怎么办呢？只需要调整引导介入时机和提示词内容即可。将单 Depth 控制模式下的引导介入时机由 0 改为 0.1 即可生成如图 9－25 所示的效果。

图 9-25 文字融图

9.5 艺术二维码设计

在 Stable Diffusion 中，艺术二维码是指使用 Stable Diffusion 这样的生成模型来设计具有艺术风格的二维码。在保持二维码功能性的同时，将其融入特定的艺术风格或设计中，从而生成既能扫描识别，又具有美学效果的二维码。艺术二维码设计具体操作如下。

(1) 如图 9-26 所示，获取一张二维码图像，这里可以使用 QR Toolkit 插件，也可以用自己微信或者某些二维码网页制作。这里测试的二维码内容为“你是最棒的!”。建议主模型选择 dreamshaper _ 8。

(2) 配置 ControlNet 的模型，这里需要额外安装两个模型，如图 9-27 所示。文件安装路径及模型文件：

路径：extensions\sd-webui-controlnet\models
模型 1：control _ v1p _ sd15 _ qrcode _ monster _ v2
模型 2：control _ v1p _ sd15 _ brightness

图 9 – 26　获取二维码

sd-webui-QFY249-v4.9 > extensions > sd-webui-controlnet > models

注意文件和安装路径

名称	修改日期	类型	大小
control_v11e_sd15_ip2p_fp16.safetensors	2023/9/19 10:50	SAFETENSORS ...	705,666 KB
control_v11e_sd15_shuffle_fp16.safetensors	2023/9/19 10:50	SAFETENSORS ...	705,666 KB
control_v11f1e_sd15_tile_fp16.safetensors	2023/9/19 10:49	SAFETENSORS ...	705,666 KB
control_v11f1p_sd15_depth_fp16.safetensors	2023/9/19 10:50	SAFETENSORS ...	705,666 KB
control_v11p_sd15_canny_fp16.safetensors	2023/9/19 10:50	SAFETENSORS ...	705,666 KB
control_v11p_sd15_inpaint_fp16.safetensors	2023/9/19 10:49	SAFETENSORS ...	705,666 KB
control_v11p_sd15_lineart_fp16.safetensors	2023/9/19 10:48	SAFETENSORS ...	705,666 KB
control_v11p_sd15_mlsd_fp16.safetensors	2023/9/19 10:48	SAFETENSORS ...	705,666 KB
control_v11p_sd15_normalbae_fp16.safetensors	2023/9/19 10:49	SAFETENSORS ...	705,666 KB
control_v11p_sd15_openpose_fp16.safetensors	2023/9/19 10:48	SAFETENSORS ...	705,666 KB
control_v11p_sd15_scribble_fp16.safetensors	2023/9/19 10:49	SAFETENSORS ...	705,666 KB
control_v11p_sd15_seg_fp16.safetensors	2023/9/19 10:47	SAFETENSORS ...	705,666 KB
control_v11p_sd15_softedge_fp16.safetensors	2023/9/19 10:48	SAFETENSORS ...	705,666 KB
controlnet-union-sdxl-1.0.safetensors	2024/8/21 11:23	SAFETENSORS ...	2,453,155...
ioclab_sd15_recolor.safetensors	2024/5/4 15:03	SAFETENSORS ...	705,663 KB
ip-adapter_sd15.pth	2023/9/20 18:19	PTH 文件	43,597 KB
ip-adapter_sd15_plus.pth	2023/9/20 18:20	PTH 文件	154,327 KB
ip-adapter_xl.pth	2023/9/20 18:20	PTH 文件	686,119 KB
put_controlnet_models_here.txt	2024/1/20 17:47	文本文档	1 KB
control_v1p_sd15_qrcode_monster_v2.safetensors	2024/9/23 16:50	SAFETENSORS ...	705,661 KB
control_v1p_sd15_brightness.safetensors	2024/9/23 16:50	SAFETENSORS ...	1,411,284...

图 9 – 27　ControlNet 模型及安装路径

（3）进行 ControlNet－0 单元设置（brightness 的控制权重常用 0.2～0.4，如果扫不出来可提高权重，将引导介入时机设置为 0.3、引导终止时机设置为 0.7），如图 9－28 所示。进行 ControlNet－1 单元设置（qrcode _ monster 的控制权重保持为 1，如果图像需要更多变化就调高控制权重，将引导介入时机设置为 0.3、引导终止时机设置为 0.7），如图 9－29 所示。

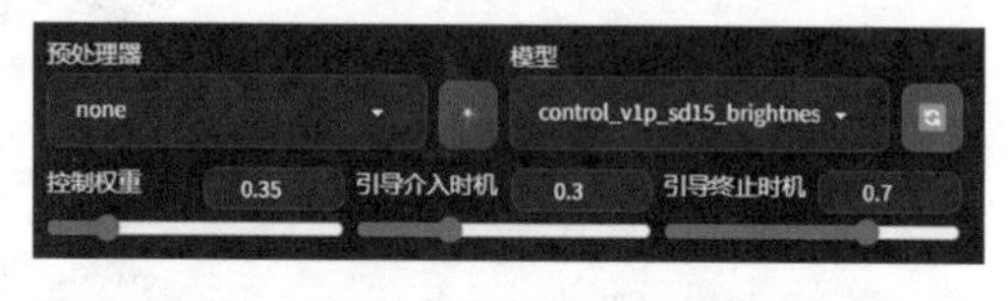

图 9－28 brightness 参数设置

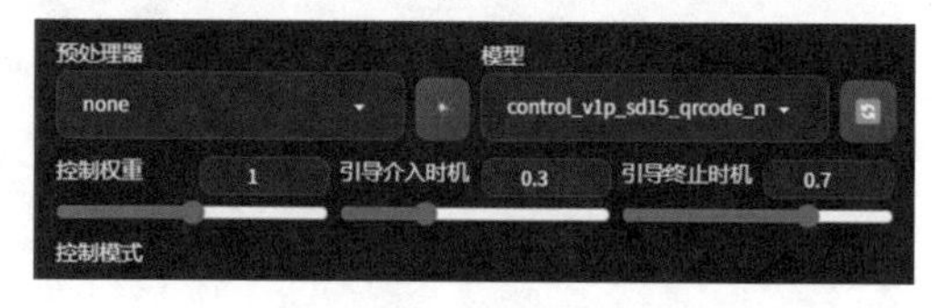

图 9－29 qrcode _ monster 参数设置

生成结果如图 9－30 所示。需要注意的是，这个步骤往往需要抽卡，并且需要多次测试与调节参数才能生成想要的结果。

图 9－30 生成结果

9.6 视频转绘

在 Stable Diffusion 中，视频转绘也称为视频生成或视频转换，是一种使用 AI 模型将视频内容转化为动画风格或绘画风格的图像的技术，这种技术可以用于创作艺术视频、生成动画效果或为视频内容添加创意元素。它在广告、电影和社交媒体内容创作中越来越受欢迎。

本节主要讲如何使用 Stable Diffusion 进行视频转绘，会详细学习 Ebsynth Utility 这个插件（见图 9－31）。从图 9－31 可以看到过程步骤分为 8 步，所以内容也会分步讲解。

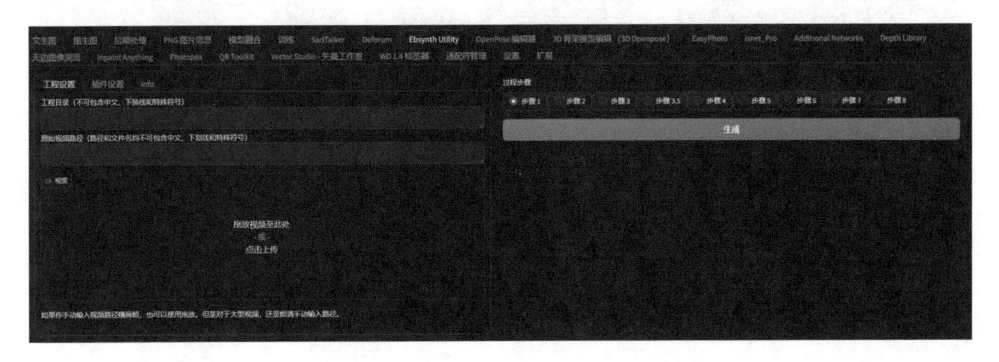

图 9－31　Ebsynth Utility 插件界面

9.6.1　步骤 1

设置步骤 1：切帧（将视频文件切开成序列帧及生成蒙版），具体操作如下。

（1）如图 9－32 所示，首先在电脑桌面新建一个工程文件夹，然后将需要转绘的视频文件放进工程文件夹。点击工程文件的目录地址栏获取工程路径：C:\Users\Administrator\Desktop\gc，注意视频不要选取太长，建议 30 s 以内。

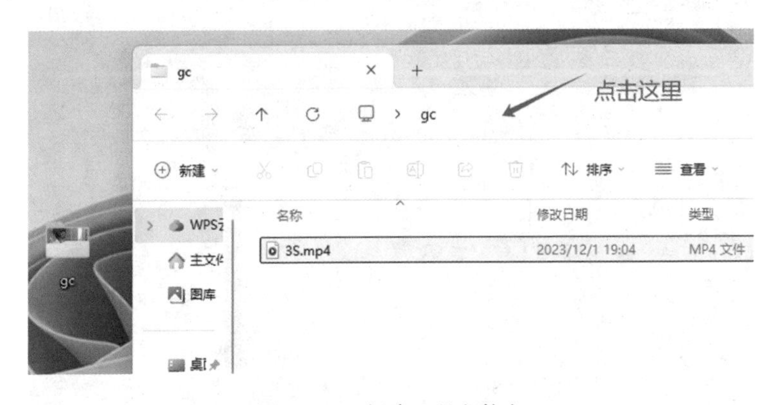

图 9－32　新建工程文件夹

（2）如图 9－33 所示，点击步骤 1，粘贴工程路径，将视频拉进来，原始视频路径会自动填上，点击“生成”即可。

参数解释：如图 9－34 所示，点击“插件设置”，可以看到在步骤 1、步骤 2、步骤 3.5、步骤 7、步骤 8 界面可以调整参数。步骤 1 界面保持默认参数即可。

图 9－33　步骤 1

图 9－34　步骤 1 参数界面

步骤 1 设置完成后会生成如图 9 - 35 所示的文件，包括序列帧、蒙版和原视频。

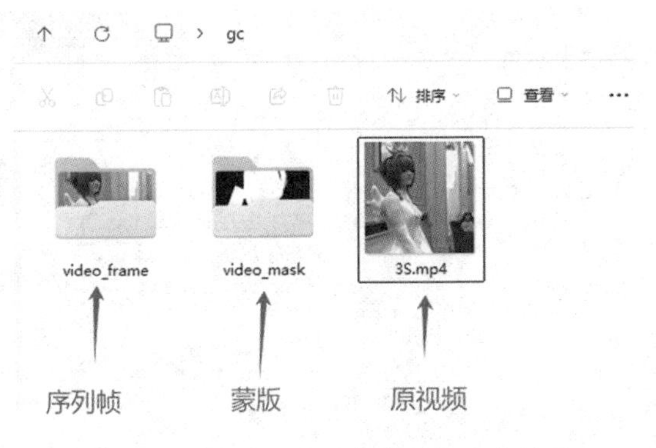

图 9 - 35　步骤 1 设置完成后的生成效果

9.6.2　步骤 2

设置步骤 2：抽帧（将步骤 1 的帧按照一定规律抽取关键帧），具体操作如下。

如图 9 - 36 所示，点击"插件设置"，选择"步骤 2"，然后调整"最小关键帧间隔"和"最大关键帧间隔"，控制抽取关键帧的相邻距离（提取的密还是提取的疏），调整好后"过程步骤"选择"步骤 2"，点击"生成"。此时在工程文件夹内就生成了"video _ key"关键帧文件夹。

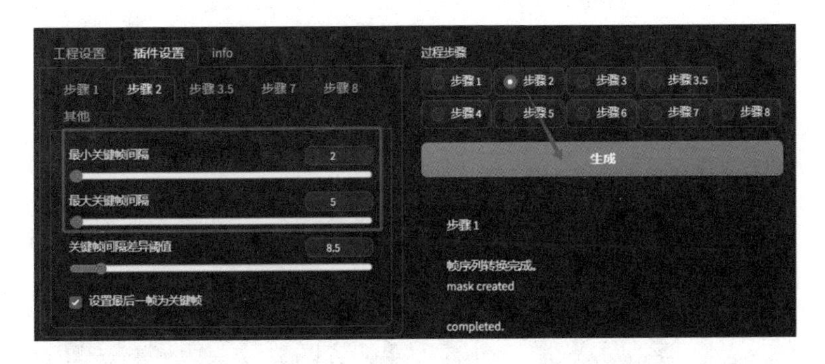

图 9 - 36　步骤 2 参数界面

9.6.3　步骤 3

设置步骤 3：图生图重绘（将步骤 2 提取的关键帧批量重绘），具体操作如下。

“过程步骤”选择步骤 3，点击“生成”，就可以看到如图 9－37 所示这 10 个步骤。

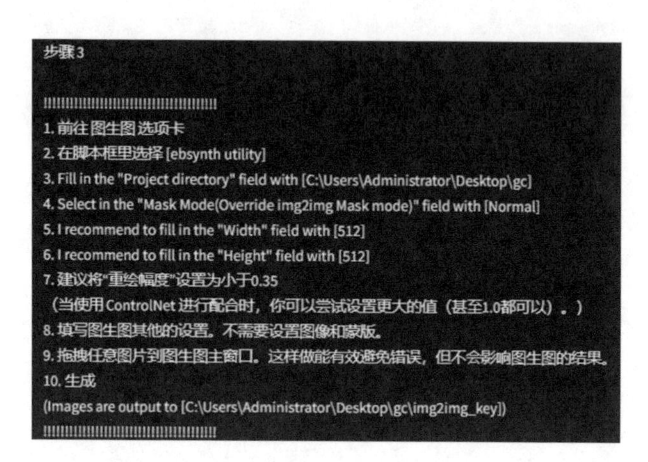

图 9－37　图生图操作的 10 个步骤

图生图界面提供的这 10 个步骤仅供参考，实际操作中并不按照这个顺序操作。随便选择“video_key”中的一个图片进行重绘。这里重绘参数的选择决定了最终视频转绘的品质，选择时需要注意以下几点：模型方面，如果要转绘动漫就选择动漫主模型，如果要画真人就选择真人模型，也可以增加 Embedding 和 LoRA 模型控制；重绘时，如果不使用 ControlNet 控制就需要将重绘幅度调低到 0.3～0.5，如果使用 ControlNet 控制就可以调高重绘幅度。

注意：如图 9－37 所示，步骤 5 和步骤 6 给出了重绘尺寸为 512×512，原视频尺寸为 720×720，如果图生图采用了 512×512 的重绘尺寸方案，那么后面需要恢复尺寸。

图 9－38 和 9－39 所示的是调用的 ControlNet 单元。

图 9－38　Tile 单元

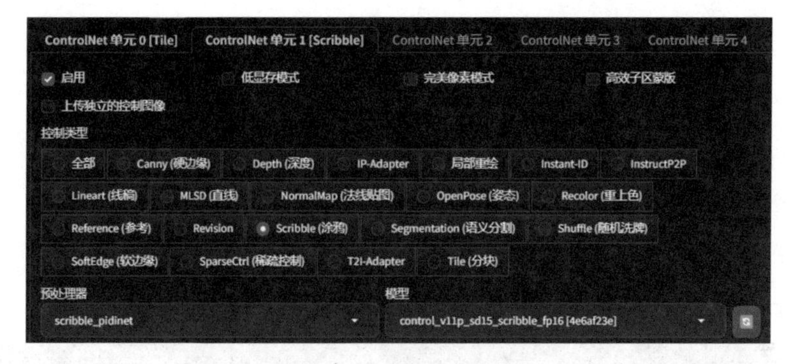

图 9－39　Scribble 单元

图像转绘效果如图 9－40 所示。

图 9－40　图像转绘效果

如果这个效果满意的话，那么需要固定随机种子（Seed），并打开“ebsynth utility”的脚本功能，填入“工程目录”，如图 9－41所示。点击“生成”，后台就会执行批量操作。此过程时间较长。最终生成文件夹“img2img_key”。

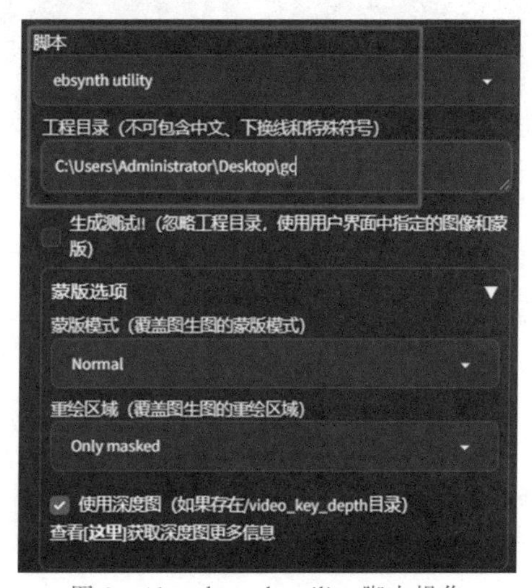

图 9－41　ebsynth utility 脚本操作

9.6.4　步骤 3.5 和步骤 4

步骤 3.5 和步骤 4 的功能：步骤 3.5 是一个可选步骤，其目的是对步骤 3 重绘后的图片进行统一调色，从而降低最后视频的闪烁。步骤 4 的作用是将步骤 3 或者 3.5 处理后的图片尺寸恢复到原视频尺寸。步骤 3.5 及步骤 4 的具体操作如下。

步骤 3.5：无须其他操作，“过程步骤”选择“步骤 3.5”，再点击“生成”即可生成文件夹“st3_5_backup_img2img_key”。

步骤 4：需要前往插件后期处理选项卡进行尺寸恢复。图 9-42 为执行步骤 4 时的提示。

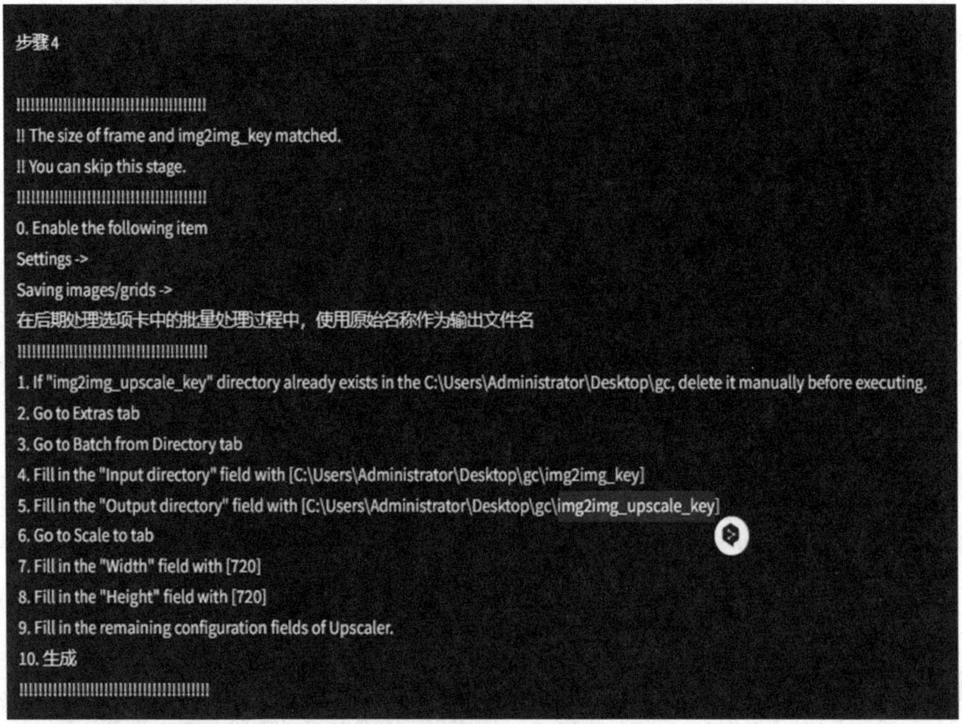

```
步骤4

!!!!!!!!!!!!!!!!!!!!!!!!!!!!!!!!!!!!!!!!
!! The size of frame and img2img_key matched.
!! You can skip this stage.
!!!!!!!!!!!!!!!!!!!!!!!!!!!!!!!!!!!!!!!!
0. Enable the following item
Settings ->
Saving images/grids ->
在后期处理选项卡中的批量处理过程中，使用原始名称作为输出文件名
!!!!!!!!!!!!!!!!!!!!!!!!!!!!!!!!!!!!!!!!
1. If "img2img_upscale_key" directory already exists in the C:\Users\Administrator\Desktop\gc, delete it manually before executing.
2. Go to Extras tab
3. Go to Batch from Directory tab
4. Fill in the "Input directory" field with [C:\Users\Administrator\Desktop\gc\img2img_key]
5. Fill in the "Output directory" field with [C:\Users\Administrator\Desktop\gc\img2img_upscale_key]
6. Go to Scale to tab
7. Fill in the "Width" field with [720]
8. Fill in the "Height" field with [720]
9. Fill in the remaining configuration fields of Upscaler.
10. 生成
!!!!!!!!!!!!!!!!!!!!!!!!!!!!!!!!!!!!!!!!
```

图 9-42 执行步骤 4 时的提示

本书默认执行了步骤 3.5，那么继续操作。接下来的操作很重要，否则容易报错。在工程文件夹里新建一个文件夹，并取名“img2img_upscale_key”，如图 9-43 所示。然后直接从工程目录里面找到对应的文件夹地址，选择放大算法，点击“缩放到”，设置“宽度”和“高度”为原视频尺寸，点击“生成”即可，如图 9-44 所示。注意：如果一开始没有将图生图尺寸降到 512×512，那么这里只需将“img2img_key”文件夹里的图片复制到“img2img_upscale_key”文件夹里即可。

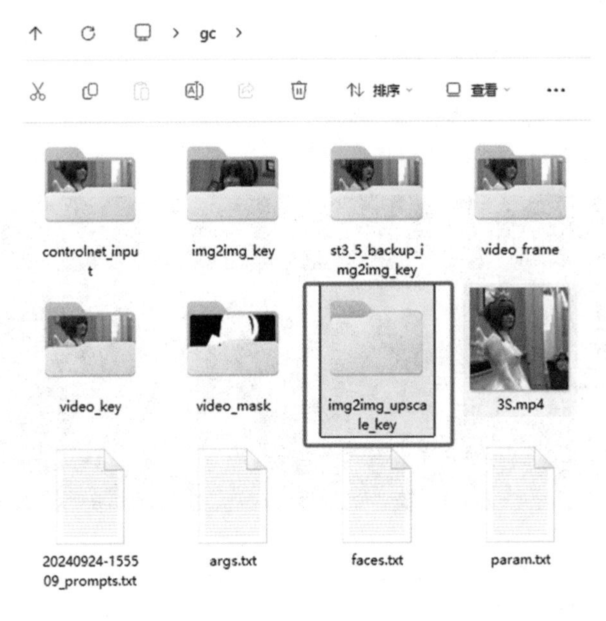

图 9－43　新建“img2img _ upscale _ key”文件夹

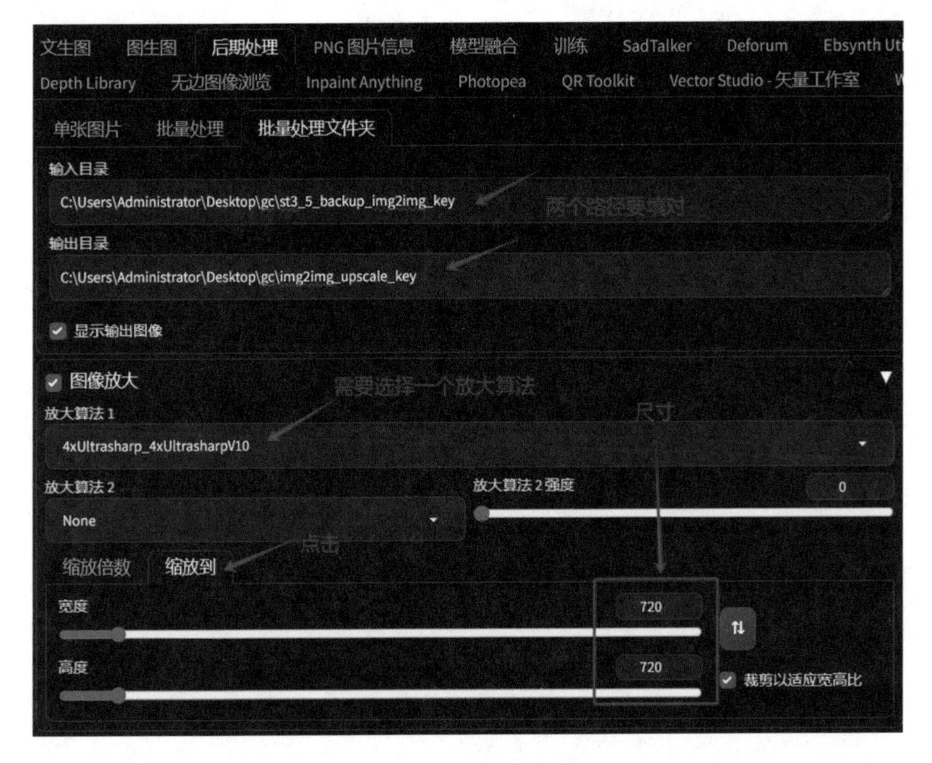

图 9－44　图像放大

9.6.5　步骤 5

“过程步骤”选择“步骤 5”，点击“生成”即可生成“.ebs”文件，如图 9－45所示。视频越长生成的“.ebs”文件越多。

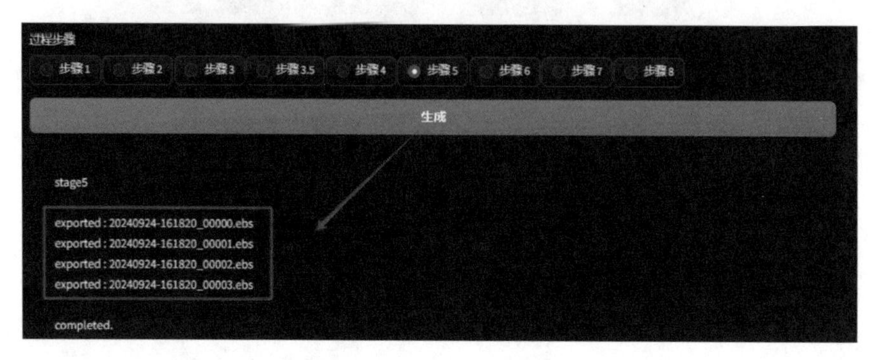

图 9－45　生成“.ebs”文件

9.6.6　步骤 6

设置步骤 6：插帧，具体操作如下。

“过程步骤”选择“步骤 6”，点击“生成”会提示要运行 EbSynth 软件。这是一个独立的专门用来插帧的软件。插帧就是给出第一帧和第四帧，可以计算出第二帧和第三帧。

如图 9－46 所示，圈起来的这 4 个文件用 EbSynth 打开运行即可，也可以多个 EbSynth 软件同时运行。运行中的 EbSynth 软件如图 9－47 所示。

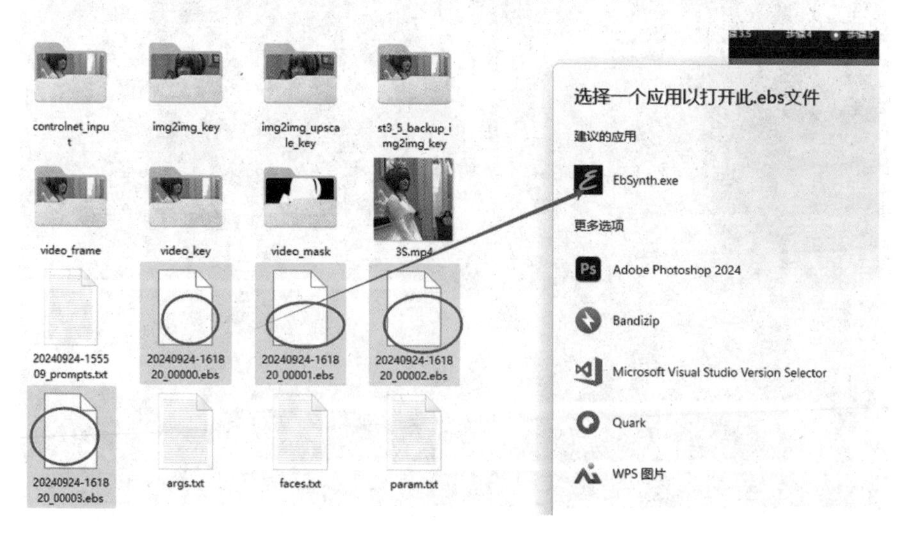

图 9－46　运行 EbSynth 软件

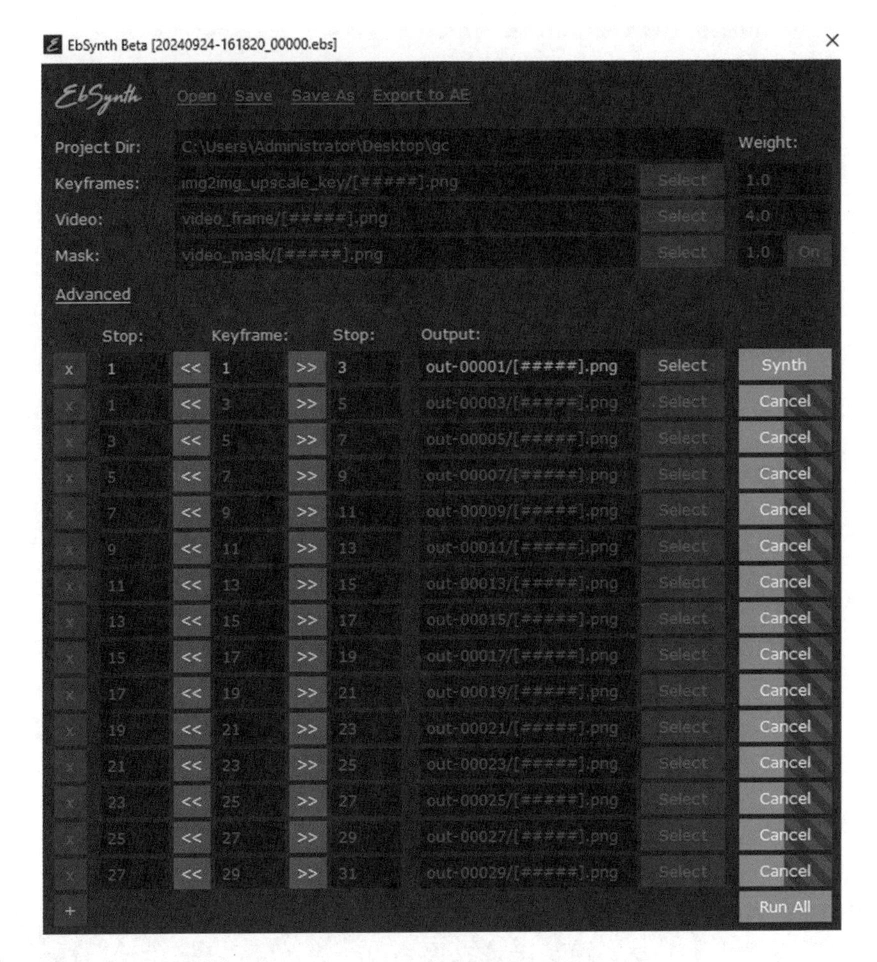

图 9-47　运行中的 EbSynth 软件

9.6.7　步骤 7

设置步骤 7：图像合并为视频，具体操作如下。

“过程步骤”选择“步骤 7”，再点击“生成”即可。此时在工程目录下就可以找到生成的两个视频了，一个带原视频声音，一个不带原视频声音，如图 9-48所示。

9.6.8　步骤 8

步骤 8 是一个可选项，其功能是创建一个图片或者视频作为转绘后视频的背景，具体操作如下。

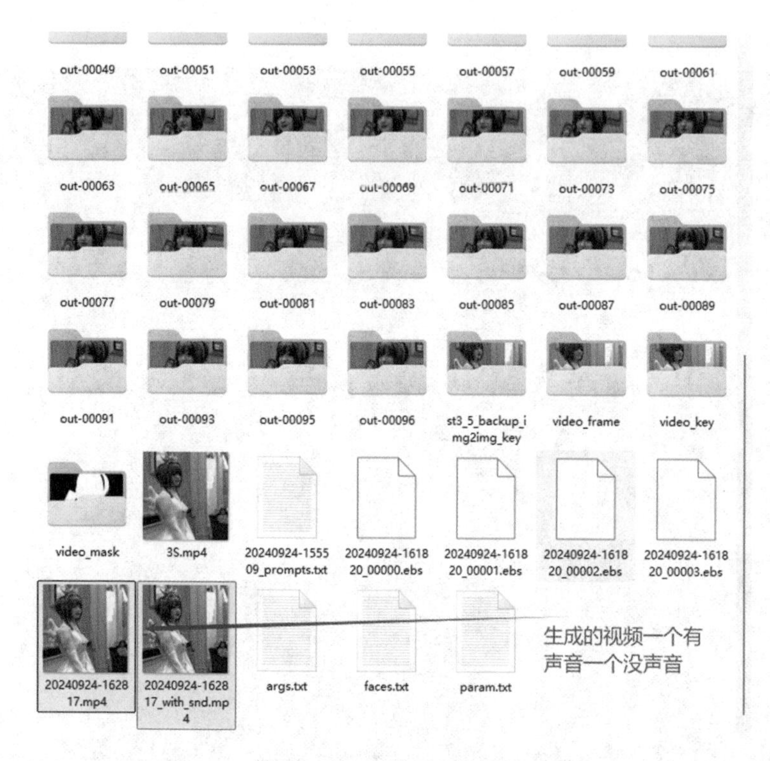

图 9－48　步骤 7 生成结果

将背景文件视频或者图片文件放进工程目录下，并取名“background”。“插件设置”选择“步骤 8”，填写工程路径，如图 9－49 所示。

工程设置　插件设置　info

步骤 1　步骤 2　步骤 3.5　步骤 7　步骤 8　其他

背景源（mp4 或包含图像的目录）

C:\Users\Administrator\Desktop\gc

这里填写工程路径即可，
如果是视频文件，
需要具体到视频文件的名称

背景类型

Fit video length

蒙版模糊内核大小　5

蒙版阈值　0

前景透明度　0

图 9－49　步骤 8 换背景操作

第10章

模型训练篇

【学习目标】

1. 了解模型训练的整体步骤；
2. 了解模型训练的各项参数。

【技能目标】

1. 能够说明白模型训练的整体流程；
2. 能够说清楚模型训练对应参数的意义；
3. 能够训练出自己想要的LoRA模型。

【素质目标】

1. 发布自己的模型，学以致用；
2. 多训练能够更深刻的理解训练流程，培养动手动脑的能力。

【知识串联】

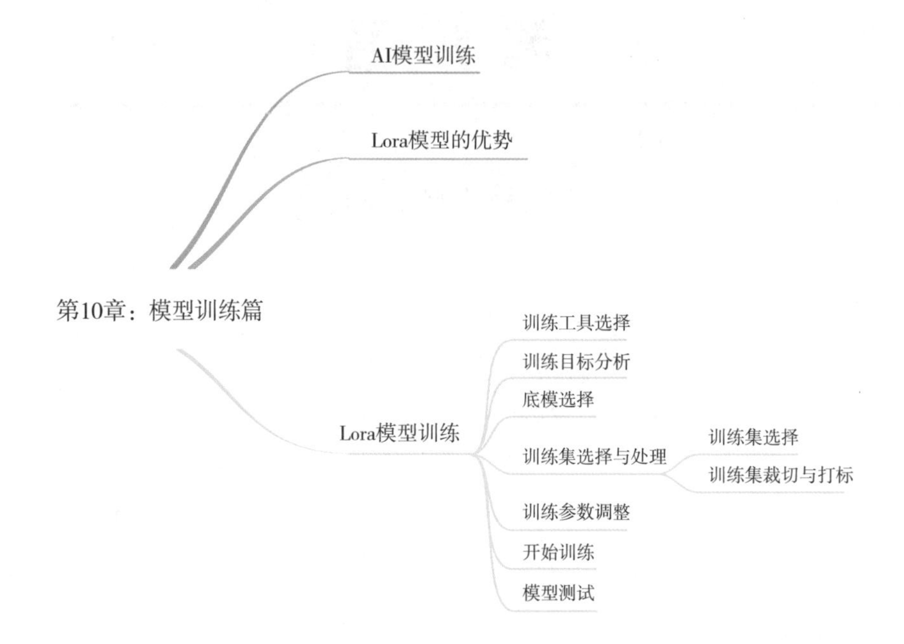
AI模型训练
Lora模型的优势
第10章：模型训练篇
Lora模型训练
训练工具选择
训练目标分析
底模选择
训练集选择与处理
训练集选择
训练集裁切与打标
训练参数调整
开始训练
模型测试

云课堂

10.1 AI 模型训练

AI 模型训练是指通过给定的数据集，让模型自动学习数据中的规律，从而使其具备处理实际问题的能力。在这一过程中，模型会不断调整内部参数，以期在输入相似数据时给出正确的输出。具体来说，AI 模型训练包括多个环节，如数据准备、模型选择、模型训练、模型评估和模型优化等。

AI 模型的应用场景非常广泛，涵盖了从设计、医疗到企业运营等多个领域。例如，在客户服务领域，大模型可以通过模拟人类对话的方式为用户提供 24 h 不间断的服务，极大地提升了用户体验。此外，AI 技术还被应用于智能交互、人脸识别、无人驾驶等领域。随着技术的不断进步和创新，AI 在未来的发展潜力巨大，并将在更多领域发挥重要作用。

在前面的章节中我们学习过 Stable Diffusion 模型、Embedding 模型、VAE 模型，LoRA 模型、ControlNet 模型及其他插件的各种模型。在商业应用中主模型和 LoRA 模型的训练需求较大。其他类型的模型很少需要独立训练。

10.2 LoRA 模型的优势

LoRA 模型与传统模型微调方法相比，LoRA 模型在多个维度上展现了独特优势。传统方法往往需要对整个模型重训练，而 LoRA 模型通过对部分参数进行低秩逼近，显著减少了所需计算资源和时间，同时提升了模型性能。这种高效的参数适应方法使 LoRA 模型在处理大规模模型时尤为突出，为模型的快速迭代与优化提供了新的可能性。

10.3 LoRA 模型训练

在 LoRA 模型训练之前需要普及些基础知识，防止混淆。

（1）LoRA 模型的训练，整体分为以下几大步骤：训练工具选择、训练目标分析、底模选择、训练集选择与处理、训练参数调整和模型测试。

（2）LoRA 模型训练配置要求：建议选择 NVIDIA 显卡，且显存大于等于 8 G。

（3）LoRA 模型训练有算法区分：常见的 LoRA 训练、XLLoRA 训练，F.1 LoRA 训练。本章节讲解的是常见的 LoRA 训练。

10.3.1　训练工具选择

训练 LoRA 模型通常不会用 Stable Diffusion，而是用独立的软件，常用的有如下几种。

（1）LoRA-scripts：一直在更新，很强大，本地化做得很好。

（2）kohya_ss：开源项目，程序员用得比较多，自由度高，也有友好的 Ui 界面。

（3）赛博丹炉：很久没更新了，有一键训练的功能。

（4）其他训练工具：ComfyUI 训练、网页训练、云端训练等。

本章节主要讲在 LoRA-scripts 上的训练操作。图 10-1 为 LoRA-scripts 的训练界面。

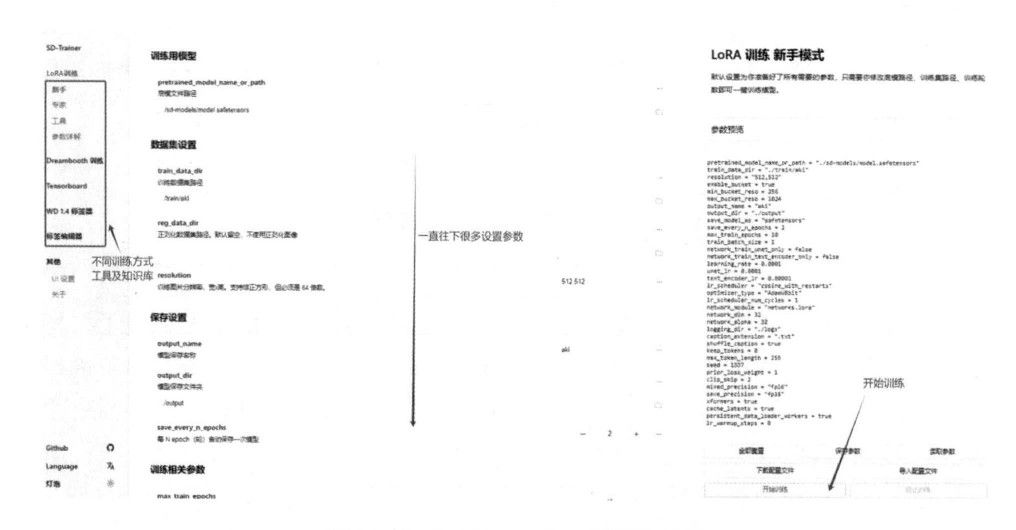

图 10-1　LoRA-scripts 的训练界面

10.3.2　训练目标分析

在训练模型之前一定要思考以下几个问题。

（1）训练的目标模型：目标模型是人像、服装、产品、画风，还是实现某种功能的功能性模型。

（2）训练好模型之后的应用场景：用来生成汽车设计灵感图、用来生成泡泡马特风格图像做贴纸、用来生成摄影级美女图像发自媒体平台引流等。

（3）模型想要达到的预期效果：在我们给甲方训练模型时，还需要问甲方要一些图像或模型（主要是图像），以明确其需要训练的模型生成画面呈现的效果需求。

（4）模型算法：要训练常见的 LoRA 模型、XLLoRA 模型，还是要训练 F.1 LoRA 模型。

10.3.3　底模选择

底模选择遵从以下几点。

（1）模型算法类型统一，训练 XLLoRA 模型就需要选择 XL 的主模型。

（2）底模使用的一般都是 Stable Diffusion 的主模型，最好选择画风相近的，比如最终要训练出二次元某 IP 形象，则底模可以选择二次元模型。

（3）优先使用训练模型，不用混合模型。

（4）建议使用官方主模型，官方每一个主模型都是使用几百张超级 GPU 训练上万小时花费几百万训练出来的，在模型资源站你看到的 99.99%都算是微调及融合模型。

10.3.4　训练集选择与处理

训练集是指训练模型的素材，包含图像及图像对应的提示词（Tag），可以说训练集的选择与处理对模型最终品质的影响最大。

10.3.4.1　训练集选择

训练集的基本要求如下。

（1）图片数量：15～60 张都可以，通常训练 IP 选 25 张左右即可。

（2）图片分辨率：常规模型训练分辨率选择 512×512 或者 512×768 即可保证图像高清。

（3）训练特征一致性：训练的特征需要一致。比如，训练画风那图片风格就要一致，训练脸模就需要长得一样。

（4）非训练特征最好多样化：比如，训练脸模，如果当场拍，就固定了服装和场景，不利于后面模型使用的泛化。取而代之，可以找几张花园穿校服的、几张公园穿长裙的，来保证非训练特征多样化。还有一个可选方案，就是把所有的图片背景都抠掉。

（5）其他要求：不同训练目标要求的训练集处理方式是完全不同的。

上述仅是 IP 或者人像训练集的基本要求。

10.3.4.2　训练集裁切与打标

根据训练目标，我们收集了 30 张图片，下一步就是裁切。如图 10－2 所示，进入 Stable Diffusion 的后期处理插件，选择“批量处理文件夹”，在电脑桌面新建两个文件夹（文件夹名称最好不含中文，如图 10－2 中的文件夹“123”放的是没有处理的图片，文件夹“xlj”放的就是处理后的图片），再选择放大算法，设置好缩放到的尺寸为 512×768。

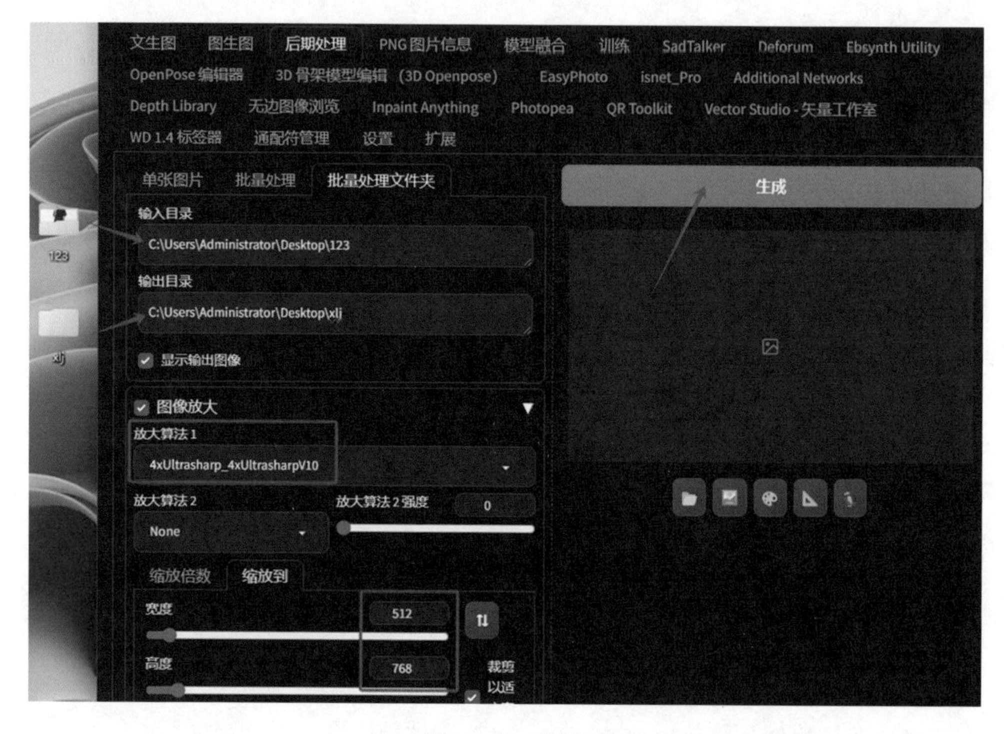

图 10－2　裁切

需要注意的是，这里不仅要裁切，还要打标，打标就是为每张图片生成提示词。如图 10－3 所示，勾选“生成标签”，点击“生成”即可。

图 10－3　打标

如图 10－4 所示，图片裁切和打标后。文件夹中就会显示一组组与图片文件名称一样的 txt 文档，txt 文档的内容就是对图片内容的描写。

裁切和打标后还有 3 个步骤对这些图片和 txt 文档做精细操作。

（1）剔除不合适的图片及其 txt 文档：比如，裁切好后图像面部只有一部分或者图像面部有遮挡，那么这类图片和标签需要丢掉。

名称	日期
546_4119.png	2024/9/25 13:22
546_4119.txt	2024/9/25 13:22
IMG_4120(20230406-183504).png	2024/9/25 13:22
IMG_4120(20230406-183504).txt	2024/9/25 13:22
IMG_4121(20230406-183527).png	2024/9/25 13:22
IMG_4121(20230406-183527).txt	2024/9/25 13:22
IMG_4122(20230406-183610).png	2024/9/25 13:22
IMG_4122(20230406-183610).txt	2024/9/25 13:22

一个图片，一个txt文件名称一样

txt内容就是对图片描述

1girl, black shirt, brown eyes, brown hair, cowboy shot, earmuffs, gradient, gradient background, grey background, headphones, jewelry, lips, looking at viewer, necklace, nose, parted lips, ponytail, shirt, short sleeves, shorts, solo, standing, t-shirt

图 10－4　打标后

（2）标签批量处理：这非常重要，直接决定最终训练的结果。标签处理的核心是想训练什么，就需要删除对应的属性词，再用另外一个总结词代替。

我们来看个例子。如果图 10－5 是生成之前的图片和它的正向提示词，那么训练集里面也是这样的一个图和他的提示词描述。

正向提示词：

画质　Best Quality,4K,8K Resolution,Extremely Detailed

最佳质量，4K，8K 分辨率，极其详细

主要元素　1 Girl,Solo

1 女孩，单人

特征　Green Dress,White Hat,Beautiful Face,Smile,White Skin

绿色裙子，白帽，美丽的脸蛋，微笑，白色的皮肤

摄影方式　Front View,35mm Photo,Movie,Bokeh,Backlight

前视图，35mm 照片，电影，散景，逆光

背景构成　Dark Environment,In the Dark,Flat Roof,Ancient Roof

黑暗环境，在黑暗中，平屋顶，古屋面

图 10－5　训练集处理

如果训练的是女孩的长相，那么需要剔除所有关于面部的特征描写，如痣、雀斑、棕色眼睛等。

如果训练的是女孩的长相＋头发＋穿着（类似训练 IP），那么就需要剔除面部特征、头发特征、服装特征，如帽子、裙子、长长的黑发、痣等。

如果需要训练的是画风，那么就需要剔除关于写实画风的提示词描写，如电影、真实照片等。

最后给一个触发词：触发词可以是有意义的英文单词，也可以是 ABC 这种随意几个字母组成的单词。这时剔除的单词所对应的特征，在 AI 理解就是 ABC＝训练的女孩长相、IP 形象或者训练的画风。

当把图片裁切并打上标签后，就可以关闭 Stable Diffusion 软件，启动训练工具 LoRA - scripts 软件了。因为这两个软件的运行都很占显存和内存，同时开着影响后面的训练速度。在理解了标签处理与训练目标的关系后，我们该如何进行批量处理。如图 10 - 6 所示，这是一个自带的标签编辑器，可以帮助我们执行批量提示词修改，重点的操作已经在图上标注出来了，具体操作需要花点时间摸索。修改后记得去 txt 文档看一眼，验证一下。

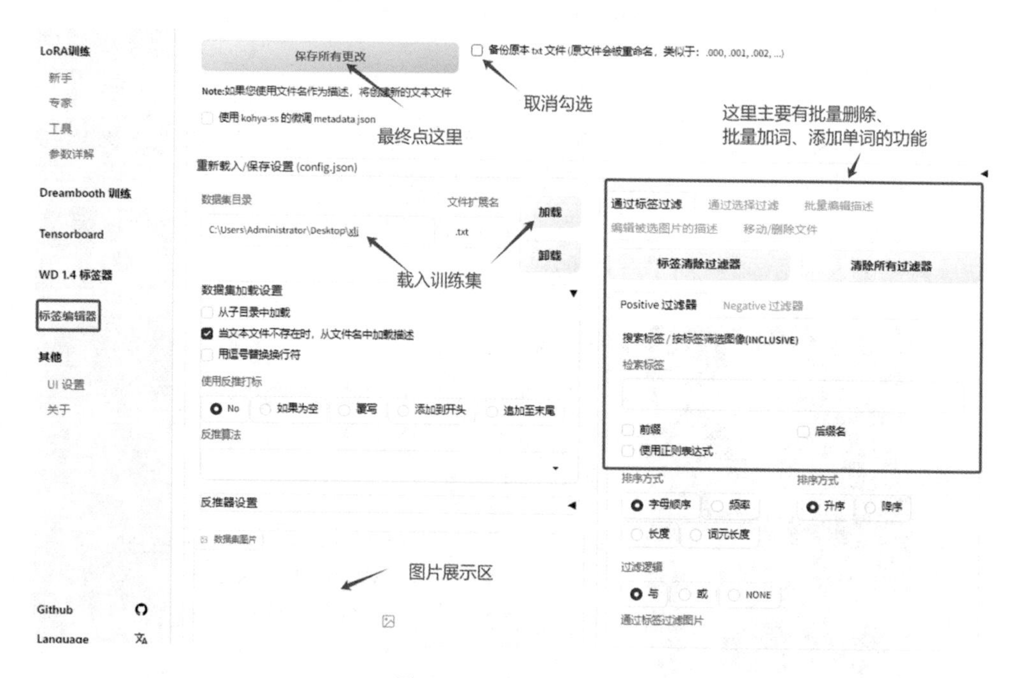

图 10 - 6　标签编辑器

（3）训练集命名：这是一个最容易出错的步骤，具体操作如下。如图 10 - 7 所示，在训练集中新建一个文件夹，这个名称有严格的规范：数字＋下划线＋英文单词。例如，本例中的名称为“20 _ girlface”。点击一下地址栏记录地址。例如，本例中地址为“C：\Users\Administrator\Desktop\xlj”。

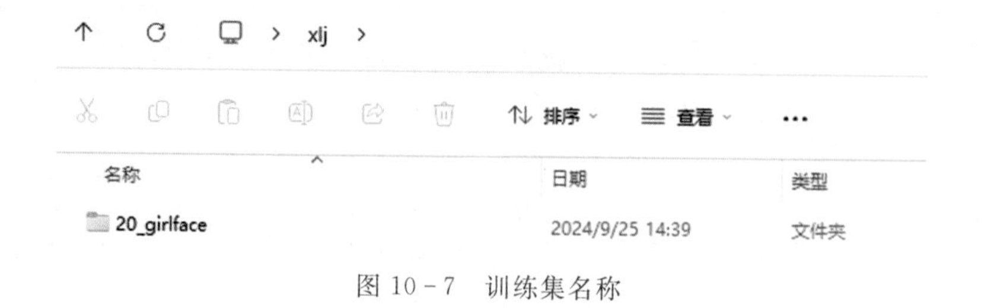

图 10 - 7　训练集名称

图 10－7 中重要信息的解读如下。

20：repeat 值，指的是每张图片在一个 Epoch（循环）内的学习次数。一般训练二次元设置为 7～15，人像设置为 20～30，更为复杂的物品、真实世界场景设置为 40～50。

_：分隔符号。

girlface：英文名称，这个可以随便起。

C：\Users\Administrator\Desktop\xlj：这个路径后面要用，训练的时候需要调用训练集。

10.3.5　训练参数调整

进入 LoRA 训练界面，点击“新手”。

10.3.5.1　训练参数 1

训练参数 1 如图 10－8 所示，其具体解释如下。

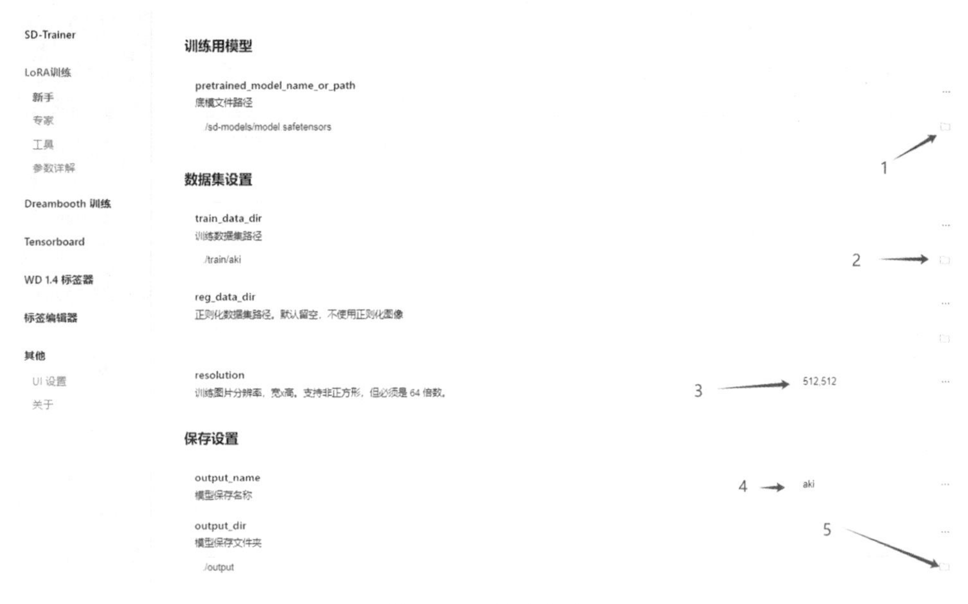

图 10－8　训练参数 1

（1）点击文件夹图标 1，选择自己的主模型底模。

（2）点击文件夹图标 2，选择自己的训练集，这里注意只要选择到“xlj”即可，无须选到里面的文件夹。

（3）在图标 3 的文本框中设置裁切图片的尺寸，比如演练的是 512×512。

（4）在图标 4 的文本框中给训练好的模型取一个名字，随便起，中英文都行。

（5）图标 5 是训练后模型预存的位置，也可以在桌面新建个文件夹，将路径选到新建的文件夹即可。

关于正则化数据集：新手训练用不到。

① 正则化数据集和常规数据集处理方式一样，路径默认为留空，即不使用正则化，如果使用正则化就需要给出正确的正则化训练集的路径。

② 画风训练、背景训练、真实场景内容训练建议加正则化，随着止则化图片和训练集图像相似度不同，可以起到强调或者泛化训练的作用。举个通俗的例子，假如左手拿着整个苹果（训练集），右手拿着苹果的一块（正则化），给 AI 尝味道，当 AI 先尝了正则化，它就对苹果味道有印象了。在执行训练的时候它就秒懂，训练结果就是苹果。给他指令生成果盘，里面可能都是苹果。但是如果正则化给的是个橘子，它尝了橘子，训练的时候给了苹果，她训练的结果泛用性更高，训练的就是水果了。再生成果盘的时候，就不只是呈现苹果。

③ 正则化数据集命名方式：如 1 _ girl，注意前面是 1 或者是很低的数值。

10.3.5.2　训练参数 2

训练参数 2 如图 10 - 9 所示，其具体解释如下。

图 10 - 9　训练参数 2

（1）图标 1 每 N epoch（轮）自动保存一次模型：就是字面意思。比如，训练轮数设置的是 10，这个参数设置的是 2，那最终训练出来就是 5 个模型。

（2）图标 2 最大训练 epoch（轮数）：因为批量大小和学习率是在变化的，需要训练多轮以抽出最优质的训练结果，所以这里的数值通常为 10～20，且越后面训练轮数输出的模型质量会越高。

（3）图标 3 批量大小：batch size 越大梯度越稳定，也可以使用更大的学习率来加速收敛，但是这样占用显存也更大。这个值没有确定的数值，它的设置需要参考电脑置卡的显存大小，在训练普通 LoRA 时，有几个参考值：3060 显卡建议设置为 2，4060 显卡建议设置为 3，4080 显卡建议设置为 6，4090 显卡建议设置为 8。

（4）图标 4 U－Net 学习率：U－Net 和 text _ encoder 的学习率是不同的，因为两者的学习难度不同，通常 U－Net 的学习率会比 text _ encoder 高。U－Net训练不足会导致生成的图不像，U－Net 训练过度会导致面部扭曲或者产生大量色块。

（5）图标 5 文本编码器学习率：text _ encoder 训练不足会导致出图对 Prompt 的服从度低，text _ encoder 训练过度会生成多余的物品。

（6）图标 6 学习率调度器设置：默认值就行，cosine _ with _ restarts 即余弦重启。

（7）图标 7 学习率预热步数：通常指的是模型在训练初期逐步增加学习率的步数。这种预热策略可以防止训练开始时因学习率过大导致的震荡问题，常见的预热步数通常为总步数的 3％～10％。

（8）图标 8 重启次数：通常指的是余弦重启的次数，常见取值为 1。

（9）图标 9 优化器设置：AdamW8bit，比较经典，最先被提出来，保持默认学习率设置即可；Lion 学习率随后发布，其使用三分之一的 AdamW8bit 学习率和八分之一的文本编码器学习率就可以出比较好的效果；神童优化器是后来被提出来的，可以自动调节学习率与优化率。

（10）图标 10 启用训练预览图：一边训练一边输出模型效果预览图，训练 LoRA 模型一般用不着。

备注：1e－4＝0.0001、1e－5＝0.00001 这是科学记数法的一种表示方式，即 1 乘以 10 的负几次方。

训练步数＝（数据集图片数量 * repeat 值 * 轮数）/批量大小＋几。这个“几”是除法有余数导致多出来的几步。

10.3.5.3　训练参数 3

训练参数 3 如图 10－10 所示，其具体解释如下。

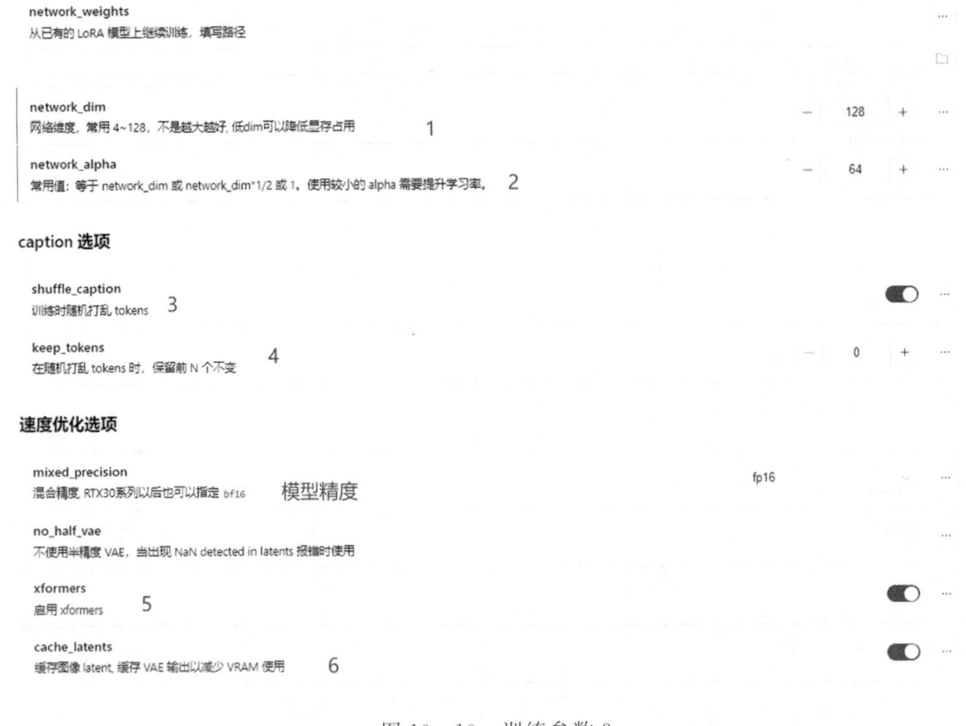

图 10－10　训练参数 3

（1）图标 1 网络维度（network _ dim）：常用值为 4～128，不是越大越好，低网络维度可以降低显存占用，二次元常用数值为 32，其他常用数值为 64/128。网络维度会影响输出的 LoRA 模型文件的大小，但网络维度越大模型越精细。

（2）图标 2 network _ alpha：严格来说算是网络维度的调节器，防止网络维度出问题，导致训练报错用的。其常用值等于 network _ dim 或 network _ dim * 1/2 或 1。使用较小的 alpha 需要提升学习率。

（3）图标 3 shuffle _ caption：通常与数据增强相关，尤其是在训练过程中处理带有标签或描述的图像数据时。其作用是打乱图像的描述词序，防止模型过度依赖固定的词序来进行学习，从而增强模型的泛化能力。

（4）图标 4 keep _ tokens：这个就是字面意思，在随机打乱 tokens 时，保持前面 N 个提示词顺序不变。

（5）图标 5 xformers：主要是为了优化内存使用和提高训练效率。xformers 是一个加速 Transformer 模型训练和推理的库，专注于通过更高效的矩阵操作和注意力机制实现更快的计算速度和更低的内存占用。

（6）图标 6 cache _ latents：打开后会方便重复使用训练集训练时间。

10.3.6　开始训练

如图 10-11 所示，这里展示了所有的参数信息，点击“开始训练”等待一会就可以了，这个速度取决于总步数和显卡。总步数越少速度越快，显卡越好速度越快。一般一个普通 LoRA 模型后台跑训练需要 30 min～1 h。

参数预览

```
pretrained_model_name_or_path = "E:/SD/sd-webui-FY245-v4.8/models/Stable-diffusion/Chilloutmix-Ni-pruned-fp16-fix.safetensors"
train_data_dir = "C:/Users/Administrator/Desktop/xlj"
resolution = "512,768"
enable_bucket = true
min_bucket_reso = 256
max_bucket_reso = 1024
output_name = "girlface"
output_dir = "./output"
save_model_as = "safetensors"
save_every_n_epochs = 2
max_train_epochs = 10
train_batch_size = 2
network_train_unet_only = false
network_train_text_encoder_only = false
learning_rate = 0.0001
unet_lr = 0.0001
text_encoder_lr = 0.00001
lr_scheduler = "cosine_with_restarts"
optimizer_type = "AdamW8bit"
lr_scheduler_num_cycles = 1
network_module = "networks.lora"
network_dim = 128
network_alpha = 64
logging_dir = "./logs"
caption_extension = ".txt"
shuffle_caption = true
keep_tokens = 0
max_token_length = 255
seed = 1337
prior_loss_weight = 1
clip_skip = 2
mixed_precision = "fp16"
save_precision = "fp16"
xformers = true
cache_latents = true
persistent_data_loader_workers = true
lr_warmup_steps = 0
```

参数都在这

开始训练

全部重置　保存参数　读取参数

下载配置文件　导入配置文件

开始训练　终止训练

图 10-11　训练开始

训练完成界面如图 10-12 所示。从图 10-12 可以看到，训练了 3300 步，用时 30.45 min，loss 值为 0.0581。

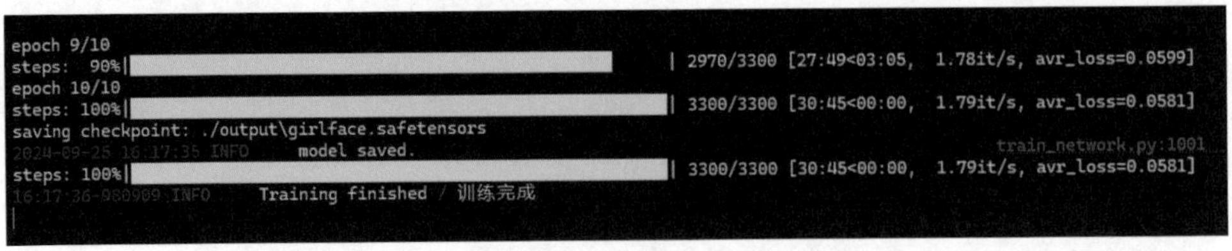

```
epoch 9/10
steps:  90%|                                        | 2970/3300 [27:49<03:05,  1.78it/s, avr_loss=0.0599]
epoch 10/10
steps: 100%|                                        | 3300/3300 [30:45<00:00,  1.79it/s, avr_loss=0.0581]
saving checkpoint: ./output\girlface.safetensors
2024-09-25 16:17:35 INFO     model saved.                                             train_network.py:1001
steps: 100%|                                        | 3300/3300 [30:45<00:00,  1.79it/s, avr_loss=0.0581]
16:17:36-980909 INFO     Training finished / 训练完成
```

图 10－12　训练完成界面

10.3.7　模型测试

完成上述步骤后，会输出好几个模型，如图 10－13 所示。可以将训练工具关闭，打开 Stable Diffusion 进行下一步模型测试。

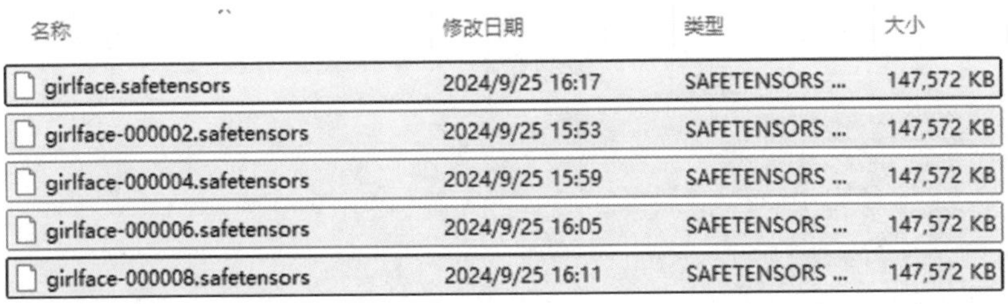

名称	修改日期	类型	大小
girlface.safetensors	2024/9/25 16:17	SAFETENSORS ...	147,572 KB
girlface-000002.safetensors	2024/9/25 15:53	SAFETENSORS ...	147,572 KB
girlface-000004.safetensors	2024/9/25 15:59	SAFETENSORS ...	147,572 KB
girlface-000006.safetensors	2024/9/25 16:05	SAFETENSORS ...	147,572 KB
girlface-000008.safetensors	2024/9/25 16:11	SAFETENSORS ...	147,572 KB

图 10－13　训练结果

这时需要测试这些模型哪个最好用、最符合训练预期。先将模型剪切到 Stable Diffusion 软件所在目录，如图 10－14 所示。

extensions > sd-webui-additional-networks > models > lora

排序　查看　路径

名称	修改日期	类型	大小
.keep	2023/1/20 21:14	KEEP 文件	0 KB
girlface.safetensors	2024/9/25 16:17	SAFETENSORS ...	147,572 KB
girlface-000002.safetensors	2024/9/25 15:53	SAFETENSORS ...	147,572 KB
girlface-000004.safetensors	2024/9/25 15:59	SAFETENSORS ...	147,572 KB
girlface-000006.safetensors	2024/9/25 16:05	SAFETENSORS ...	147,572 KB
girlface-000008.safetensors	2024/9/25 16:11	SAFETENSORS ...	147,572 KB

图 10－14　模型移到特定目录

在 Stable Diffusion 界面，填写提示词、启用 sd－webui－additional－networks 插件和 X/Y/Z plot 脚本。

（1）填写提示词：如果是人像模型的测试，那么要输入“粉色头发”，以区分原来头发的颜色。

（2）启用 sd-webui-additional-networks 插件，模型和权重随便选就可以了，选刚刚训练的那些模型，这里没要求。插件设置如图 10-15 所示。

图 10-15　插件设置

（3）开启 X/Y/Z plot 脚本，如图 10-16 所示。X 轴：选择附加模型 1，轴值点击黄色文件夹就可以了。Y 轴：选择附加模型 1 权重，轴值填表达式“0.5－1(＋0.1)”或者“0.5,0.6,0.7,0.8,0.9,1”都可以。

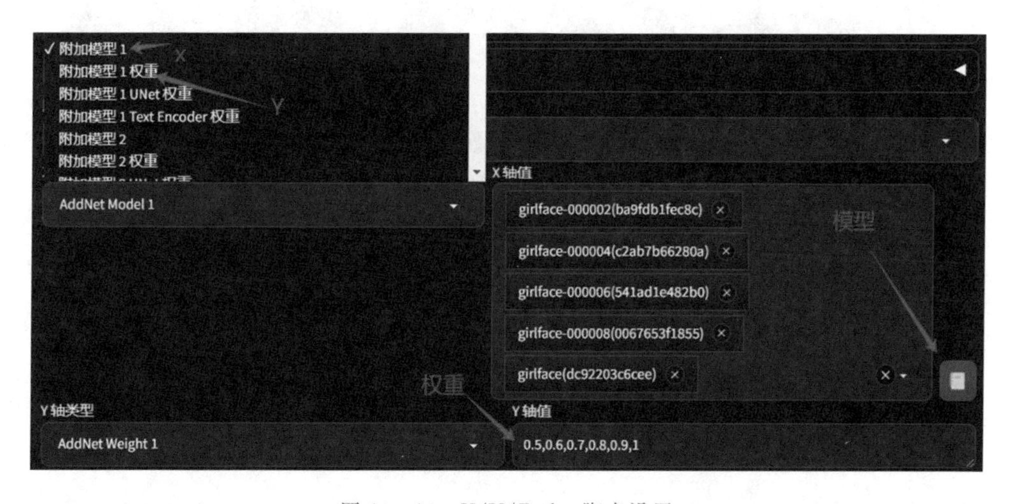

图 10-16　X/Y/Z plot 脚本设置

测试结果如图 10-17 所示。从图 10-17 可以看到，横坐标是模型，纵坐标是权重，找到这里满意的几张图像。看他们是什么模型在多少权重下生成的，就可以选定模型了。这里展示的只是粗略的测试方法，具体要看以下几个特征：头发颜色有没有听从提示词做行变化，人物特征像不像，肢体有无崩坏，服装或场景有无过拟合，画质是否达标。

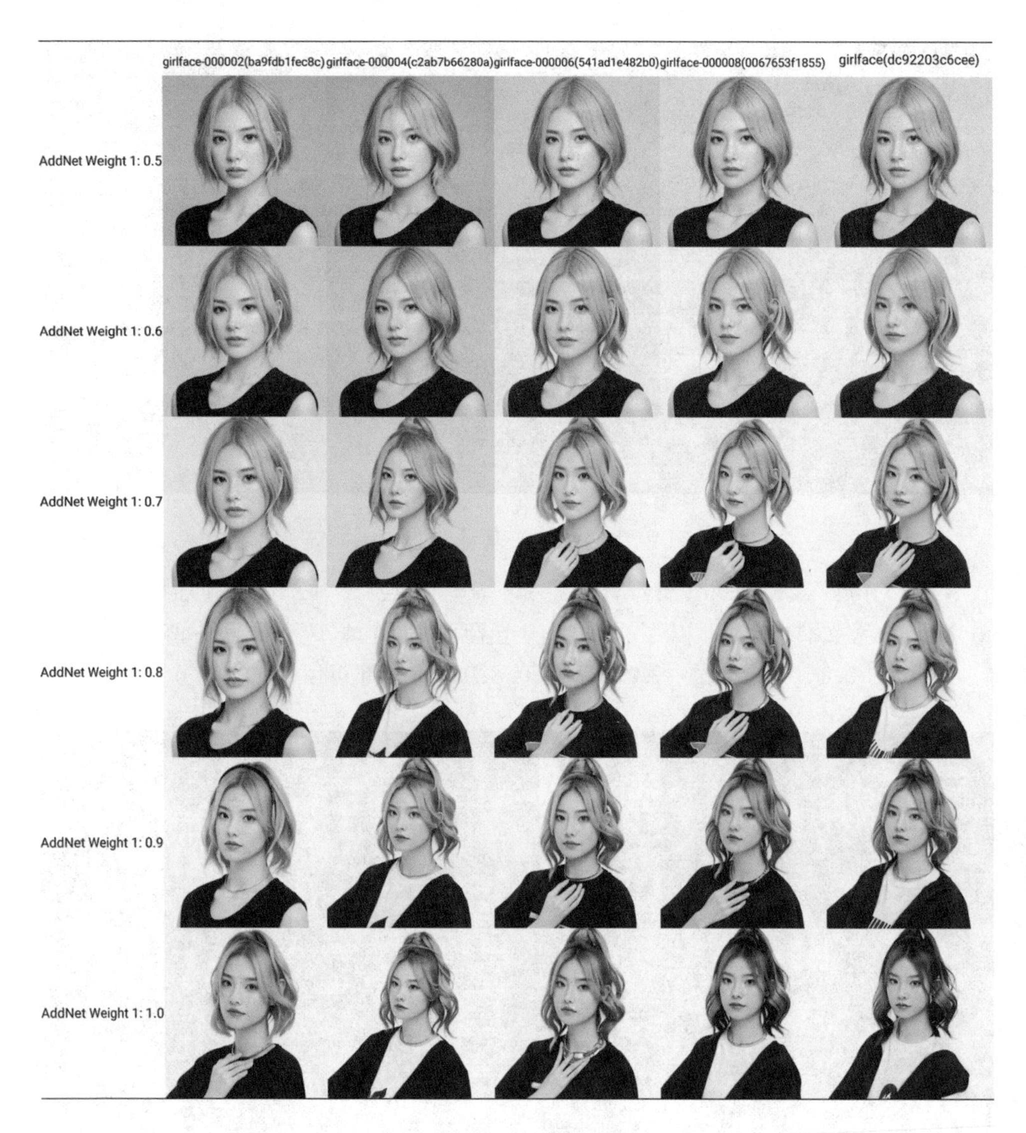

图 10－17　测试结果

测试结果评判：模型符合预期，且配合主模型生图时图像不崩，有一定的泛化，没有过拟合。

欠拟合：模型不能很好地捕捉数据集基本结构。

过拟合：模型对训练数据学习的太复杂。比如，训练的是人，但它把小河、城堡都学进去了，每次没有提示词也会生成人物、小河和城堡。

泛化：介于欠拟合和过拟合之间，既可以生成训练的固定特征，又可以听提示词的话，执行新的操作。比如，训练的是人物，训练集没有人物穿着机甲的图片，在使用这个模型时，提示词给机甲，可以生成这个人物穿着机甲的图片。

通过以上内容的学习，你就可以训练属于自己的第一个 LoRA 模型了。

附录 A 反向提示词查询表

附表 A－1 反向提示词查询表

中文说明	提示词
排除有内容不适合上班时间浏览的图片	nsfw
生成高质量的图片	worst quality，low quality，normal quality
生成高清的图片	mutation，poorly drawn：1.2，blurred
排除有水印、签名的图片	watermark，signature，
排除有二维码、条形码、马赛克的图片	QR code，bar code，mosaic
排除剪裁过的、删减的图片	cropped，censored
排除内容重复过多的图片	duplicate
排除不协调的图片	uncoordinated
排除不好的阴影、昏暗的图片	bad shadow，lowers
排除比例不好的图片	bad proportions
排除头脚出画面外的图片	head/feet out of frame
排除人体构造不好、多余手臂、手指缺失的图片	bad anatomy，extra arms，missing fingers
排除结构不好的建筑	A poorly structured building
排除过于凌乱的建筑	An overly cluttered building

附录 B　正向提示词查询表

附表 B-1　描述品质的中文说明

画面品质		角色品质	
中文说明	提示词	中文说明	提示词
杰作	masterpiece	美丽细腻的眼睛	beautiful detailed eyes
高质量	best quality	精细的头发纹理	Fine hair texture
高精细	highly detailed	蓬乱的头发(褶皱)	disheveled hair (frills)
非常详细	extremely detailed	蓬乱的头发	disheveled hair
令人惊叹的	Amazing	漂浮的头发	floating hair
精细细节	finely detail	可爱的脸	cute face
分数大于等于 60	score:>=60	美丽的细节女孩	beautiful detailed girl
插图	illustration	非常细致的眼睛	extremely detailed eyes
丰富多彩的	colorful	明亮的眼睛	bright eyes
超详细的	ultra detailed	极其细致的脸	extremely detailed face

附表 B-2　描述风格的中文说明

中文说明	提示词	中文说明	提示词
偏草稿	sketch	单色画	monochrome
线条变粗	lineart	灰度图	grayscale
穆夏风格	alphonse mucha	网点	screentones
漆皮感	shiny skin, latex	平面着色	flat shading
水彩	watercolor, water pastel color	写实	realistic
照片写实	photo realistic	OC 渲染器	octane render

（续表）

中文说明	提示词	中文说明	提示词
突出对比 霓虹灯	highlight contrast, neon light	海报	poster
莫奈	Claude Monet	四格漫画	4koma
纯色	spot color	体素画	voxel art
色块	limited palette	纸模	papercraft
平涂	flat color	手办	figure
水彩风格头像	watercolor	官方图	official art
彩铅	watercolor pencil	角色设定图	character design
签绘风格	faux traditional media	伪截图	fake screenshot
速涂质感	pastel color, sketch	杂志扫图	magazine scan
低头身比	chibi	漫画书	comic book
动感	cinematic shot, highly detailed, dynamic angle, cinematic shadows, action shot, deep shadows, intricate details, award winning, beautifully lit, dramatic angle, intense angle, dynamic angle, cinematic lighting, cinematic angle, masterpiece portrait, dramatic angle, dramatic shadows	抱枕	dakimakura
让背景闪亮起来	sparkle, lens flare	素描草图	rough sketch
马克笔	copics	彩铅绘	colored pencil drawing

（续表）

中文说明	提示词	中文说明	提示词
各种年代画风	1990s，1980s，1800s	描边	outline
斜角镜头	Dutch _ angle	水墨画	ink and wash painting
表情差分	expressions	色彩优化	colorful
动漫杂志	megami magazine	矢量追踪	vector tracing
动画风格	anime screeshot	绘画风格	drawing
杂志封面	magazine cover，official art	涂鸦、儿童绘画	child drawing
像素风	pixel _ art	动态模糊	motion blur
纸质作画	traditional media	墨水	ink
赛博朋克	cyberpunk	丁达尔光	tyndall effect
蒸汽朋克	steampunk	剪影	silhouette

附表 B-3　描述主体的中文说明

人物		人物类型	
中文说明	提示词	中文说明	提示词
女性	girl	女巫	Witch
男性	boy	巫女	miko
无人物	no humans	女仆	maid
1 女性	1girl	女服务员	waitress
2 女性	2girls	啦啦队	cheerleader
单人	solo	人偶	doll
1 男性	1boy	忍者	ninja
2 男性	2boy	美人鱼	mermaid
小女孩	little girl	妖精	fairy
十几岁	teenage	精灵	elf
老年人	old	天使	angel
老化	aged down	怪物	monster

（续表）

人物		人物类型	
中文说明	提示词	中文说明	提示词
成熟的	Mature	男人	male
动物		女人	female
中文说明	提示词	女巨人	giantess
大象	elephant	迷你女孩	mini girl
猛犸象	mammoth	Q 版人物	chibi
马	horse	正太	shota
驴	donkey	姐妹	sisters
牛	cattle	兄弟姐妹	siblings
水牛	buffalo	机械设计	mecha design
鹿	deer	机甲	mecha
猪	pig	日本武士	samurai
虎	tiger	公主	princess
白虎	white tiger	女王	queen
豹	leopard	护士	nurse
黑豹	panther	医生	doctor
狮子	lion	警察	police
熊	bear	老师	teacher
北极熊	Polar bear	歌手	singer
长颈鹿	giraffe	舞者	dancer
斑马	zebra	黑客	hacker
河马	Hippo	法老	Pharaoh
犀牛	rhinoceros	服务员	waiter
猫	cat	飞行员	pilot
狗	dog	主教	bishop

（续表）

动物		人物类型	
中文说明	提示词	中文说明	提示词
猴子	monkey	赛车手	racing car girl
老鼠	mouse	角斗士	gladiator
松鼠	squirrel	海盗	pirate
兔子	rabbit	管家	butler
鳄鱼	crocodile	酒保	bartender
蜥蜴	lizard	僧侣	monk
乌龟	tortoise	囚犯	Prisoner
麻雀	sparrow	偶像	idol
燕子	swallow	艺术家	artist
鹦鹉	parrot	保镖	bodyguard
金鱼	Goldfish	厨师	Chef
植物		收银员	cashier
中文说明	提示词	化学家	chemist
四叶草	clover	指挥家	conductor
草、草原	grass	自行车运动员	cyclist
竹子	bamboo	艺术体操	rhythmic gymnastics
青苔	moss	农民	farmer
多肉植物	succulent plant	牧羊人	shepherd
花瓣	petals	花农	florist
樱花	cherry _ blossoms	建筑工人	construction _ worker
蔷薇/玫瑰	rose	猎人	hunter
灌木	bush	伐木工	lumberjack
圣诞树	christmas tree	机修工	mechanic
树叶	foliage	矿工	miner
树枝	branch	水手	Sailor
盆栽	potted plant	魔术师	magician

附表 B-4 描述特征的中文说明

发型		耳朵	
中文说明	提示词	中文说明	提示词
长发	long _ hair	动物耳朵	animal _ ears
很长的头发	very _ long _ hair	狐狸耳朵	fox _ ears
直发	straight hair	兔耳	bunny _ ears
马尾	ponytail	猫耳	cat _ ears
短马尾	short _ ponytail	狗耳	dog _ ears
一侧绑发	one side up	老鼠耳朵	mouse _ ears
双侧绑发	two side up	尖耳	pointy _ ears
披肩单马尾	one side up hair	嘴	
披肩双马尾	two side up hair	中文说明	提示词
卷发	curly _ hair	上牙	upper teeth
波浪发型	wavy _ hair	露出牙齿	round teeth
长卷发	long wavy curly hair	咬紧牙	clenched teeth
辫子	braid	遮住嘴	covering mouth
双辫子	twin _ braids	伸出舌头	tongue out
编织马尾	braided ponytail	尖牙	fangs
低双辫	low twin braids	舌头	tongue
侧织辫	side braid	唾液	saliva
冠型织辫	crown braid	身体	
法式辫子	french braid	中文说明	提示词
脏辫	dreadlocks	腹部	midriff
辫子刘海	braided bangs	肚脐	navel
低扎长辫	low - braided long hai	大腿	thighs
刘海	bangs	拳头	fist
齐刘海	blunt _ bangs	腋	armpit
斜面钝刘海	side blunt bangs	肚子	stomach
头发在眼睛上面	hairs between eyes	脚	foot

（续表）

发型		身体	
中文说明	提示词	中文说明	提示词
不对称刘海	asymmetrical bangs	脚趾	toes
长刘海	long bangs	服装	
刘海遮眼	hair over eyes	中文说明	提示词
刘海遮单眼	hair over one eye	普通衣服	Regular service
分开刘海	parted bangs	休闲服	casual clothes
头发后梳	hair slicked back	西部风格	western
秃顶	bald	破烂衣服	torn _ clothes
中文说明	提示词	中文说明	提示词
外翻头发	flipped _ hair	圣诞装	santa
侧发后梳	hair half slicked back	婚纱	wedding _ dress
双龙须刘海	twin slut strands	唐装	chinese _ clothes
龙须刘海	slut strands	旗袍	cheongsam
平头	buzz cut	西装	suit
短发	short _ hair	职场制服	business _ suit
蘑菇头	bowl cut	学校制服	school _ uniform
中等长度头发	medium hair	运动服	gym _ uniform
中分头	Split head	披肩/斗篷/披风	cape
莫西干	mohawk	长袍	robe
尖发	spiked hair	卫衣	hoodie
飞机头	pompadour	毛衣	sweater
包子头	hair _ bun	夹克	jacket
锥形发髻	cone hair bun	外套	coat
辫子髻	braided bun	衬衫	shirt
甜甜圈发髻	doughnut hair bun	裙子	skirt
心型发髻	heart hair bun	靴子	boots
顶绑发	topknot	运动鞋	sneakers
凌乱发型	messy _ hair	短袜	socks

（续表）

发型		服装	
中文说明	提示词	中文说明	提示词
凌乱的长发	messy long hair	鸭舌帽	flat cap
随风飘荡的长发	long hair flowing with the wind	眼镜	glasses
头发飘起	floating hair	太阳镜	sunglasses
燃烧的头发	burning hair	面具/眼罩/口罩	mask
尖发动耳发	pointy hair	围巾	scarf
毛瓣	hair flaps	表情	
露出耳朵	hair behind ear	中文说明	提示词
耳前发	sidelocks	微笑、笑容	smile
单耳前发	single sidelock	忍住笑	giggling
长鬓角	payot	放声大笑	laughing
单颈毛	lone nape hair	坏笑	smirk
公主切	hime _ cut	沾沾自喜的	smug
隐藏染	colored inner hair	顽皮的脸	naughty face
挑染	streaked hair	露齿笑	grin
有光泽的头发	shiny hair	闭一只眼笑	one eye closed
多色头发	multicolored hair，	自满的	complacent
两色头发	two - tone hair	快乐的	happy
渐变头发	gradient hair	狂喜的	ecstatic
发圈	hair bobbles	有自信的	confident
眼睛		淘气的	mischievous
中文说明	提示词	生气的	angry
睁大眼睛	wide - eyed	咬牙切齿	clenched teeth
眼圈	ringed eyes	噘嘴怒	pout
转动的眼睛	rolling eyes	愁眉苦脸	grimace
眉毛翘起来	raised eyebrows	恼怒的	annoyed
眉毛下垂	furrowed brow	疯狂的	crazy
闭上眼睛	closed eyes	认真	serious
皱眉	wince	小抱怨	shouting

（续表）

眼睛		表情	
中文说明	提示词	中文说明	提示词
闭上一只眼睛	one eye closed	皱眉	glaring
半闭眼睛	half - closed eyes	憎恨的	loathing
眼影	eye shadow	愤怒的	furious
明亮的眼睛	bright eyes	嫉妒的	jealous
短眉毛	short eyebrows	生气、闹别扭	sulking
粗眉毛	thick eyebrows	绝望	despair
长睫毛	long eyelashes	捂脸	facepalm
泪痣	mole under eye	畏缩	wince
美人痣	mole under mouth	悲伤的	sad
大眼睛	big eyes	皱眉、蹙额	frown
瞳孔		略烦恼的	annoyance
中文说明	提示词	心烦意乱的	distracted
金发/金眼	blonde _ hair/ yellow _ eyes	情绪低落的	depressed
银发/银眼	silver _ hair/ silver _ eyes	惊讶	surprised
灰发/灰眼	grey _ hair/grey _ eyes	惊恐	terrified
白发/白眼	white _ hair/ white _ eyes	惊慌失措	be confound at
棕发/棕眼	brown _ hair/ brown _ eyes	大惊失色	be frightened and change color
黑发/黑眼	black _ hair/ black _ eyes	慌张出汗	flying sweatdrops
紫发/紫眼	purple _ hair/ purple _ eyes	害怕的	afraid
红发/红眼	red _ hair/red _ eyes	吃惊的	amazed
蓝发/蓝眼	blue _ hair/blue _ eyes	不知所措的	overwhelmed

（续表）

眼睛		表情	
中文说明	提示词	中文说明	提示词
绿发/绿眼	green _ hair/ green _ eyes	惊呼	zoink
面部		眼泪	tears
中文说明	提示词	哭	crying
没鼻子的	no _ nose	哭得撕心裂肺	tearing up
浓妆	makeup	泪如雨下	streaming tears
大额头	big forhead	啜泣	tear
动漫脸	anime face	擦眼泪	wiping tears
额头有记号	forehead mark	眼含泪水的	teary - eyed

附表 B-5　描述动作的中文说明

站姿动作		手势	
中文说明	提示词	中文说明	提示词
屈膝礼	curtsy	胜利手势	peace sign
伸手扭腰动作	caramelldansen	翘大拇指	thumbs _ up
公主抱	princess _ carry	嘘手势	shushing
战斗姿态	fighting _ stance	招手	waving
向后看	looking _ back	敬礼	salute
弓身体	arched _ back	伸展	stretch
身体前驱	leaning _ forward	抬手	arms _ up
弯腰	bent over	张手	spread _ arms
站立	standing	手放在嘴边	hand _ to _ mouth
跳舞	dancing	拉头发	hair _ pull
行走	walking	用手指做出笑脸	fingersmile
摆姿势	posing	手撑着头	chin _ rest
战斗	fighting	用手支撑住	arm _ support
体操	gymnastics	手放在身后	arms _ behind _ back

（续表）

站姿动作		手势	
中文说明	提示词	中文说明	提示词
瑜伽	yoga	手交叉于胸前	arms _ crossed
芭蕾	ballet	单手叉腰	hand _ on _ hip
跆拳道	taekwondo	双手叉腰	hands _ on _ hips
柔道	judo	双手紧握	own hands clasped
玩水	wading	向外伸手	outstretched hand
浸在水中	partially submerged	撩发露肩	hair over shoulder
浮在水上	afloat	撩发动作	hand in own hair
脚在水里	soaking feet	整理头发	hands in hair
拳击	punching	扎头发	adjusting hair
脚踢	kicking	手遮脸	hand over own mouth
背着	piggyback	手放帽子上	hand on headwear
拉起衣服	clothes lift	手放下颚	hand on own chin
贴墙	against wall	手放脸颊	hand on own cheek
喂饭	feeding	扶眼镜	adjusting eyewear
手插兜	hands in pocket	双手支撑	arm support
背对手放前	arm behind back	抱着玩偶	stuffed toy
金鸡独立	standing on one leg	攥拳	clenched hand
淋浴	showering	手指缠绕	interlocked fingers
冲浪	surfing	手指向观众	pointing at viewer
保龄球	bowling	手指向上	pointing up
遛狗	dog walking	手指向自己	pointing at self
走绳索、走钢丝	rope walking	手指向另一个人	pointing another
洗涤	washing	手指向前	pointing forward
建设建筑	building	手指向武器	pointing weapon
搭建筑模型	model building	手指向下	pointing down
行军	marching	手指向侧	pointing to the side
滑冰	skating	胸前两手紧握	own hands together

（续表）

站姿动作		手势	
中文说明	提示词	中文说明	提示词
花样滑冰	figure skating	挽手	arm hug
滑雪	skiing	碰拳	fist bump
钢管舞	pole dancing	击掌	High five
拖曳而行	dragging	双手紧扣	hands clasped
回避、躲闪	dodging	拍打	patting
绞杀	strangling	抚摸	petting
射击、发射	firing	捏	pinching
挣扎、努力、苦斗	struggling	伸、够	reaching
训练	training	抗拒	resisting
瞄准	aiming	耳语	whispering
打破、破坏	breaking	手捂脸	facepalm
冲撞、碰撞	bumping	虎爪	Claw pose
蓄能、冲锋	charging	轻拍	tapping
拳击运动	boxing	沉思	thinking
飞踢	flying kick	触摸	touching
勾拳、升龙拳	uppercut	打喷嚏	sneezing
斩	slashing	打嗝	hiccup
投掷	throwing	咳嗽	coughing
击剑	fencing	梳理头发	hairdressing
摔跤、美式摔跤	wrestling	拨弄头发	hair twirling
战斗 2	battle	撩起头发	hair tucking
拔刀、拔剑、出鞘	unsheathing	搅拌	stir
斗牛	bullfighting	压碎、捏碎	crushing
鞭打	whipping	穿衣	dressing
伸展运动	Stretch	脱衣	undressing
摇曳、摇晃身体	swaying	擦干、挤干、擦拭	drying
鞠躬	bowing	剥皮	peeling

（续表）

站姿动作	
中文说明	提示词
奔跑	running
步进、往前伸脚	stepping

坐姿动作	
中文说明	提示词
二郎腿	crossed _ legs
抬一只脚	leg _ lift
抬两只脚	legs _ up
坐着	sitting
正坐	seiza
盘腿	indian _ style
抱腿	leg _ hug
膝枕	lap _ pillow
掏耳勺	mimikaki
下跪	kneeling
单膝跪	one knee
合着脚掌盘腿	butterfly sitting
盘腿	lotus position
印度式盘腿	indian style
跨坐	straddling
靠在靠背上斜着坐	reclining
手放大腿间	between legs
蹲下	squatting
抱着枕头	pillow hug
掰手腕	arm wrestling
学习	studying
打字	typing

手势	
中文说明	提示词
投掷	pitching
举起、升起	lifting
抱、端、持	carrying
装填	reloading
打哈欠	yawning
抓挠、抓痒	scratching
取暖	warming
鼓掌	clapping
拉伸脸	face stretching
挤干、挤出水	wringing
解开	unzipping
吹口哨	whistling
打结、系紧	tying
系鞋带	shoe tying

卧姿动作	
中文说明	提示词
躺着	lying
趴着	Crawling
跨坐	straddle
四肢趴地	all _ fours
睡觉	sleeping
侧卧	on side
盖着被子	under covers
日光浴	sunbathing
濒死	dying
昏晕、晕倒	faint

（续表）

坐姿动作		卧姿动作	
中文说明	提示词	中文说明	提示词
看电视	watching television	侧躺	spooning
针织、编织	knitting	头部动作	
划船	rowing	中文说明	提示词
缝纫、缝补	sewing	歪着头	head tilt
绘画	painting	托腮	head rest
驾驶	driving	向上看	looking up
阅读	reading	低着头	head down
跨坐大腿	thigh straddling	看着观众	looking at viewers
骑	riding	垂耳	floppy ears
骑枕头	pillow straddling	吹	blowing

附表 B-6 描述视野的中文说明

视角		镜头效果	
中文说明	提示词	中文说明	提示词
正面视角	pov	景深	Depth of field
从下到上视角	from _ below	远景	wide shot
从上往下看	Look down	鱼眼	fisheye
全身视角 1	full body	短缩法	foreshortening
从上往下视角、鸟瞰	from above looking up	动态角度	dynamic angle
肖像	portrait	颠倒	upside down
靠近观众	close to viewer	微距	Macro
非常接近观众	very close to viewers	广角	wide - angle
聚焦于脸	focus on face	全景	panorama
上身	upper body	高饱和度	high saturation
下身	Lower body	运动模糊	motion blur
戏剧性的角度	dramatic angle	云隙光	Crepuscular Rays
全身视角 2	whole body	背光	backlight

（续表）

视角		镜头效果	
中文说明	提示词	中文说明	提示词
侧影	silhouette	丁达尔光	Tyndall effect
头脚在画面外	head/feet out of frame	过度曝光	overexposure
自拍	selfie	戏剧性镜头	dramatic angle
侧下	from the Side below	色差	chromatic aberration
多视图	multiple views	焦散	caustic
手部视角	pov hands	电影镜头	cinematic angle
第一人称	first - person view	镜头光斑	lens flare
人物背对	facing away	电影级的照明	cinematic lighting
背后焦点	back focus	锐利的焦点	sharp focus
足部焦点	foot focus	高动态范围	hdr
臀部焦点	hip focus	漏光	light leaks
手部焦点	hand focus	光线追踪	ray tracing
胸部焦点	breast focus	轮廓加深	contour deepening
肚脐焦点	navel focus	长焦	long－focus
腋部焦点	armpit focus	面部大片阴影	shaded face
大腿焦点	thigh focus	用透视法缩小缩短	foreshortening
强烈角度	intense angle	衰减	fading

附表 B－7　描述建筑的中文说明

中式		西式	
中文说明	提示词	中文说明	提示词
现代中式风格	Modern Chinese style architecture	简欧风格建筑	Simple European style architecture
中式风格建筑	Chinese style architecture	传统欧式风格建筑	Traditional European style architecture

（续表）

中式		西式	
中文说明	提示词	中文说明	提示词
中式古典风格建筑	Chinese classical style architecture	地中海风格建筑	Mediterranean style architecture
日式		美式风格建筑	American style architecture
中文说明	提示词	美式田园风格建筑	American style pastoral architecture
日式风格建筑	Japanese style architecture	美式古典风格建筑	American classical style architecture
东南亚风格建筑	Southeast Asian style architecture	教堂	church external
现代/科技		巴洛克建筑风格	Baroque architectural style
中文说明	提示词	哥特式风格建筑	Gothic architecture external
园林风格	Garden style	洛可可建筑风格	Rococo architectural style
概念式风格建筑	Conceptual style architecture	木条式建筑风格	Stick architectural style
现代主义风格建筑	Modernist style architecture	古希腊建筑风格	Ancient Greek architectural style
后现代主义风格建筑	Postmodernism style architecture	古罗马建筑风格	Ancient Roman architectural style
景物		欧洲中世纪建筑风格	European medieval architectural style
中文说明	提示词	文艺复兴建筑风格	Renaissance architectural style
漂浮的宫殿	floating palaces	新古典主义建筑风格	Neoclassical architectural style
宫殿	palace	埃及金字塔	Egyptian pyramids
高耸的山峰	A towering mountain peak	埃及神庙	egyptian temple
瀑布	waterfall	希腊神庙	Greek Temple

附录 C　语义分割颜色查询表

附表 C－1　语义分割颜色查询表

颜色	RGB 颜色值	16 进制颜色码	类别（英文）	类别（中文）
	(120，120，120)	＃787878	wall	墙壁
	(180，120，120)	＃B47878	building	建筑物大厦
	(6，230，230)	＃06E6E6	sky	天
	(80，50，50)	＃503232	floor	地板
	(4，200，3)	＃04C803	tree	树
	(120，120，80)	＃787850	ceiling	天花板
	(140，140，140)	＃8C8C8C	road；route	路；路线
	(204，5，255)	＃CC05FF	bed	床
	(230，230，230)	＃E6E6E6	windowpane；window	窗玻璃；窗
	(4，250，7)	＃04FA07	grass	草
	(224，5，255)	＃E005FF	cabinet	储藏柜
	(235，255，7)	＃EBFF07	sidewalk；pavement	人行道；路面
	(150，5，61)	＃96053D	person；someone	人；某人
	(120，120，70)	＃787846	earth；ground	地
	(8，255，51)	＃08FF33	door；double；door	门
	(255，6，82)	＃FF0652	table	桌子
	(143，255，140)	＃8FFF8C	mountain；mount	山；攀登
	(204，255，4)	＃CCFF04	plant；flora；	植物；植物群
	(255，51，7)	＃FF3307	curtain；drape	窗帘；帘子
	(204，70，3)	＃CC4603	chair	椅子
	(0，102，200)	＃0066C8	car；automobile	轿车；汽车
	(61，230，250)	＃3DE6FA	water	水

（续表）

颜色	RGB 颜色值	16 进制颜色码	类别（英文）	类别（中文）
	(255，6，51)	＃FF0633	painting；picture	绘画；相片
	(11，102，255)	＃0B66FF	sofa；lounge	沙发；休息室
	(255，7，71)	＃FF0747	shelf	架子
	(255，9，224)	＃FF09E0	house	房屋
	(9，7，230)	＃0907E6	sea	海
	(220，220，220)	＃DCDCDC	mirror	镜子
	(255，9，92)	＃FF095C	rug；carpet；carpeting	地毯
	(112，9，255)	＃7009FF	field	田地
	(8，255，214)	＃08FFD6	armchair	扶手椅
	(7，255，224)	＃07FFE0	seat	座位
	(255，184，6)	＃FFB806	fence；fencing	栅栏；围栏
	(10，255，71)	＃0AFF47	desk	书桌
	(255，41，10)	＃FF290A	rock；stone	岩石；石头
	(7，255，255)	＃07FFFF	wardrobe；closet；press	衣柜；壁橱；书柜
	(224，255，8)	＃E0FF08	lamp	灯
	(102，8，255)	＃6608FF	bathtub；bathing tub	浴盆；浴缸
	(255，61，6)	＃FF3D06	railing；rail	栏杆；栏杆
	(255，194，7)	＃FFC207	cushion	软垫
	(255，122，8)	＃FF7A08	base；pedestal；stand	根基；基座；台
	(0，255，20)	＃00FF14	box	盒
	(255，8，41)	＃FF0829	column；pillar	柱；支柱
	(255，5，153)	＃FF0599	signboard；sign	招牌；签名
	(6，51，255)	＃0633FF	chest of drawers	抽屉柜
	(235，12，255)	＃EB0CFF	counter	柜台
	(160，150，20)	＃A09614	sand	沙
	(0，163，255)	＃00A3FF	sink	下沉
	(140，140，140)	＃8C8C8C	skyscraper	摩天大楼
	(0250，10，15)	＃FA0A0F	fireplace；	壁炉

（续表）

颜色	RGB 颜色值	16 进制颜色码	类别（英文）	类别（中文）
	(20，255，0)	＃14FF00	refrigerator；icebox	冰箱；冰柜
	(31，255，0)	＃1FFF00	grandstand	大看台
	(255，31，0)	＃FF1F00	path	路径
	(255，224，0)	＃FFE000	stairs	楼梯台阶
	(153，255，0)	＃99FF00	runway	跑道
	(0，0，255)	＃0000FF	case；showcase；vitrine	陈列；陈列柜；橱窗
	(255，71，0)	＃FF4700	pool；table billiard	水塘；台球
	(0，235，255)	＃00EBFF	pillow	枕头
	(0，173，255)	＃00ADFF	screen；door	屏幕；门
	(31，0，255)	＃1F00FF	stairway；staircase	楼梯；楼梯间
	(11，200，200)	＃0BC8C8	river	河
	(255 ，82，0)	＃FF5200	bridge	桥
	(0，255，245)	＃00FFF5	bookcase	书架
	(0，61，255)	＃003DFF	blind screen	百叶窗
	(0，255，112)	＃00FF70	coffee table	咖啡桌
	(0，255，133)	＃00FF85	toilet can；commode	坐便器；马桶
	(255，0，0)	＃FF0000	flower	花
	(255，163，0)	＃FFA300	book	书
	(255，102，0)	＃FF6600	hill	山丘
	(194，255，0)	＃C2FF00	bench	长凳
	(0，143，255)	＃008FFF	countertop	工作台面
	(51，255，0)	＃33FF00	stove；kitchen stove；	火炉；厨房炉灶
	(0，82，255)	＃0052FF	palm；tree	棕榈树
	(0，255，41)	＃00FF29	kitchen island	厨房中岛
	(0，255，173)	＃00FFAD	computer；machine；device	计算机；机器；装置
	(10，0，255)	＃0A00FF	swivel chair	旋转椅子
	(173，255，0)	＃ADFF00	boat	船
	(0，255，153)	＃00FF99	bar	酒吧

（续表）

颜色	RGB 颜色值	16 进制颜色码	类别（英文）	类别（中文）
	(255，92，0)	#FF5C00	arcade machine	街机
	(255，0，255)	#FF00FF	hovel；hut；shack	简陋住所；小屋；棚屋
	(255，0，245)	#FF00F5	bus；coach	公共汽车；长途汽车
	(255，0，102)	#FF0066	towel	毛巾
	(255，173，0)	#FFAD00	light；light；source	光
	(255，0，20)	#FF0014	truck；motortruck	卡车；摩托车
	(255，184，184)	#FFB8B8	tower	塔
	(0，31，255)	#001FFF	chandelier；pendant	吊灯；吊坠
	(0，255，61)	#00FF3D	awning；sunshade；sunblind	雨篷；遮阳帘
	(0，71，255)	#0047FF	streetlight；street；lamp	路灯；大街灯
	(255，0，204)	#FF00CC	booth；stall kiosk	售货棚；售货亭
	(0，255，194)	#00FFC2	television；receiver	电视机；收音机
	(0，255，82)	#00FF52	airplane	飞机
	(0，10，255)	#000AFF	dirt；track	污垢；轨道
	(0，112，255)	#0070FF	clothes；dress	衣服；连衣裙
	(51，0，255)	#3300FF	pole	极
	(0，194，255)	#00C2FF	land；ground；soil	土地；地面；土壤
	(0，122，255)	#007AFF	banister；handrail	栏杆；扶手
	(0，255，163)	#00FFA3	escalator	自动扶梯
	(255，153，0)	#FF9900	ottoman；pouffe；hassock	褥榻；坐凳；跪垫
	(0，255，10)	#00FF0A	bottle	瓶子
	(255，112，0)	#FF7000	sideboard	餐具柜
	(143，255，0)	#8FFF00	poster；card	海报；卡片
	(82，0，255)	#5200FF	stage	舞台
	(163，255，0)	#A3FF00	van	厢式货车
	(255，235，0)	#FFEB00	ship	船
	(8，184，170)	#08B8AA	fountain	喷泉
	(133，0，255)	#8500FF	conveyer	输送机

（续表）

颜色	RGB 颜色值	16 进制颜色码	类别（英文）	类别（中文）
	(0，255，92)	#00FF5C	canopy	罩篷
	(184，0，255)	#B800FF	washer	洗衣机
	(255，0，31)	#FF001F	toy	玩具
	(0，184，255)	#00B8FF	swimming pool	游泳池
	(0，214，255)	#00D6FF	stool	凳子
	(255，0，112)	#FF0070	barrel；cask	桶；木桶
	(92，255，0)	#5CFF00	basket；handbasket	篮筐；手提篮
	(0，224，255)	#00E0FF	waterfall	瀑布
	(112，224，255)	#70E0FF	tent	帐篷
	(70，184，160)	#46B8A0	bag	包
	(163，0，255)	#A300FF	minibike；motorbike	小型自行车；摩托车
	(153，0，255)	#9900FF	cradle	摇篮
	(71，255，0)	#47FF00	oven	烤箱
	(255，0，163)	#FF00A3	ball	球
	(255，204，0)	#FFCC00	food；solid food	食物；固体食物
	(255，0，143)	#FF008F	step；stair	台阶；楼梯
	(0，255，235)	#00FFEB	tank；storage；tank	水库；水箱；仓储
	(133，255，0)	#85FF00	trade name	品牌名
	(255，0，235)	#FF00EB	microwave	微波炉
	(245，0，255)	#F500FF	pot；flowerpot	锅；花盆
	(255，0，122)	#FF007A	animal；animate	动物；生物
	(255，245，0)	#FFF500	bicycle；wheel；	自行车；车轮
	(10，190，212)	#0ABED4	lake	湖
	(214，255，0)	#D6FF00	dishwasher	洗碗机
	(0，204，255)	#00CCFF	screen；silver screen	屏幕；银幕
	(20，0，255)	#1400FF	blanket；cover	毯子；床单
	(255，255，0)	#FFFF00	sculpture	雕塑
	(0，153，255)	#0099FF	hood；exhaust；hood	罩；排气罩

（续表）

颜色	RGB 颜色值	16 进制颜色码	类别（英文）	类别（中文）
	(0, 41, 255)	#0029FF	sconce	壁式烛台
	(0, 255, 204)	#00FFCC	vase	花瓶
	(41, 0, 255)	#2900FF	traffic light	红绿灯
	(41, 255, 0)	#29FF00	tray	盘子
	(173, 0, 255)	#AD00FF	ashcan; trash	烟灰缸；垃圾桶
	(0, 245, 255)	#00F5FF	fan	扇子
	(71, 0, 255)	#4700FF	pier; wharf	码头；船坞
	(122, 0, 255)	#7A00FF	crt; screen	监视器；屏幕
	(0, 255, 184)	#00FFB8	plate	盘子
	(0, 92, 255)	#005CFF	monitor device	监视器
	(184, 255, 0)	#B8FF00	board; notice board	公告牌；公告板
	(0, 133, 255)	#0085FF	shower	淋浴器
	(255, 214, 0)	#FFD600	radiator	暖气片
	(25, 194, 194)	#19C2C2	glass; drinking glass	玻璃；玻璃杯
	(102, 255, 0)	#66FF00	clock	时钟
	(92, 0, 255)	#5C00FF	flag	旗帜

参考文献

[1] ZHANG X L，WEI X Y，WU J L，et al. Compositional Inversion for Stable Diffusion Models [J]. arXiv，2023，2312.08048.

[2] PODELL D，ENGLISH Z，LACEY K，et al. SDXL：Improving Latent Diffusion Models for High - Resolution Image Synthesis [J]. arXiv，2023，2307.01952.

[3] RADFORD A，KIM J W，HALLACY C，et al. Learning Transferable Visual Models From Natural Language Supervision [J]. arXiv，2021，2103.00020.

[4] ROMBACH R，BLATTMANN A，LORENZ D，et al. High - Resolution Image Synthesis with Latent Diffusion Models [J]. arXiv，2021，2112.10752.

[5] ESSER P，KULAL S，BLATTMANN A，et al. Scaling Rectified Flow Transformers for High - Resolution Image Synthesis [J]. arXiv，2024，2403.03206.

[6] ROMBACH R，BLATTMANN A，LORENZ D，et al. High - Resolution Image Synthesis with Latent Diffusion Models [J]. arXiv，2021，2112.10752.

[7] RADFORD A，KIM J W，HALLACY C，et al. Learning Transferable Visual Models From Natural Language Supervisions [J]. arXiv，2021，2103.00020.

[8] ESSER P，KULAL S，BLATTMANN A，et al. Scaling Rectified Flow Transformers for High - Resolution Image Synthesis [J]. arXiv，2024，2403.03206.

[9] ROMBACH R，BLATTMANN A，LORENZ D，et al. High - Resolution Image Synthesis with Latent Diffusion Models [J]. arXiv，2021，2112.10752.

[10] BLATTMANN A，DOCKHORN T，KULAL S，et al. Stable Video Diffusion：Scaling Latent Video Diffusion Models to Large Datasets [J]. arXiv，

2023, 2311. 15127.

[11] LIN T Y, CHEN Z G, YAN Z H, et al. Stable Diffusion Segmentation for Biomedical Images with Single - step Reverse Process [J]. arXiv, 2024, 2406. 18361.

[12] THAKUR A, VASHISTH R. A Unified Module for Accelerating STABLE - DIFFUSION: LCM - LORA [J]. arXiv, 2024, 2403. 16024.

反侵权盗版声明